智慧仓配运营

主　编　杨国荣
副主编　郭　鹏　戈　丹　陈学云
　　　　陈　滢　王艳丽

北京理工大学出版社
BEIJING INSTITUTE OF TECHNOLOGY PRESS

模块三 经理岗位管理提升篇

实训场景 1　智慧仓配作业方案设计校际选拔赛训练题 ……………………（188）

实训场景 2　2023 年全国职业院校技能大赛智慧物流
　　　　　　（学生赛）赛项题库 ………………………………………………（210）

实训场景 3　2023 年全国职业院校技能大赛智慧物流
　　　　　　（学生赛）赛项规程、赛卷、评分标准 ……………………………（233）

实训场景 4　2023 年全国职业院校技能大赛智慧物流
　　　　　　（教师赛）赛项规程、赛卷、评分标准 ……………………………（234）

实训场景 5　2022 年全国智慧物流作业方案设计与实施
　　　　　　赛项规程、赛卷、评分标准 ……………………………………（235）

实训场景 6　2019 年全国智慧物流作业方案设计与实施赛项赛卷 …………（236）

实训场景 7　2018 年全国智慧物流作业方案设计与实施赛项赛卷 …………（237）

参考文献 …………………………………………………………………………（238）

模块一
员工岗位知识普及篇

【学习目标】

素质目标：了解和认识智慧仓配的基本作业流程。
知识目标：熟悉作业流程中各环节的含义、作用、特点、分类和操作步骤。
技能目标：分析理解各作业的设计原则、规划目标和流程管理。
能力目标：掌握各作业的效率评估及改善措施。

个人学习评价表

个人学习评价表

班级：　　　　　　　　学生姓名：　　　　　　　　学生学号的后两位数字：

考核项目	计分标准	得分	备注
考勤情况（10分）	缺课一次，"考勤"分数扣1分，同时在"学习积极参与度情况"分数扣5分；累计缺课达到总课时的1/3，取消考试资格		
作业完成情况（10分）	原则上全班前3名，为满分10分，第4名至第6名，为9分，以此类推；如果某个分数相同的同学较多，则该分数为一个得分数值；后续，则再后推。举例：全班100分1人，99分2人，98分10人，则100分与99分的同学为10分，98分的同学为9分……		
学习积极参与度情况（30分）	授课老师根据所提问题的难易程度，事先发布学习积极参与度完成的"悬赏分值"，第一个站立正确回答完毕的学生，得到"悬赏分值"，学生站立回答，不需要得到老师的许可；回答错误，不扣分。 原则上全班前3名，为满分30分，第4名至第6名，为29分，以此类推；如果某个分数相同的同学较多，则该分数为一个得分数值，后续，则再后推		
小组KT箱子的制作与组托码放（10分）	制作的KT箱子的长、宽、高等方面符合标准，标签的内容规范且粘贴规范；组托码放时，无安全事故与出现隐患，操作规范，团队合作，效率高，耗时少		
小组实训完成情况（40分）	以小组的形式完成；组长根据组员的贡献度，给予分配系数，小组的总系数为人数之和。举例：小组实训完成得分为80分，张三的系数为0.9，李四的系数为0.8，王二的系数为1.1，钱五的系数为1.0，赵六的系数为1.2，那么小论文完成得分分配到小组组员的分数为：张三80分×0.9＝72分，李四80分×0.8＝64分，王二80分×1.1＝88分，钱五80分×1.0＝80分，赵六80分×1.2＝96分。 原则上全班前3名，为满分40分，第4名至第6名，为39分，以此类推；如果某个分数相同的同学较多，则该分数为一个得分数值，后续，则再后推		
其他加扣分情况	有一次正能量的事情，加1分；有一次负能量的事情，扣1分；加扣分可以互抵		
总成绩	教师签字		
举例说明：马三同学本项目学习评价：考勤10分，作业完成情况9分，学习积极参与度情况26分，KT箱子的制作与组托码放9分，小组实训完成情况35分，其他加扣分情况加3分，该同学学习评价：10分+9分+26分+9分+35分+3分＝92分。			

实训场景 1
进货作业

【学习目标】

【知识目标】认知进货作业流程内容,掌握进货作业流程步骤。

【技能目标】熟悉物品入库准备工作与卸货作业方式,掌握进货流程的合理安排、物品的验收、物品的分类、物品的编号、物品入库信息处理。

【素养目标】培养学生认真的态度和科学思维,提升学生逻辑思维和信息处理的理念。

【思维导图】

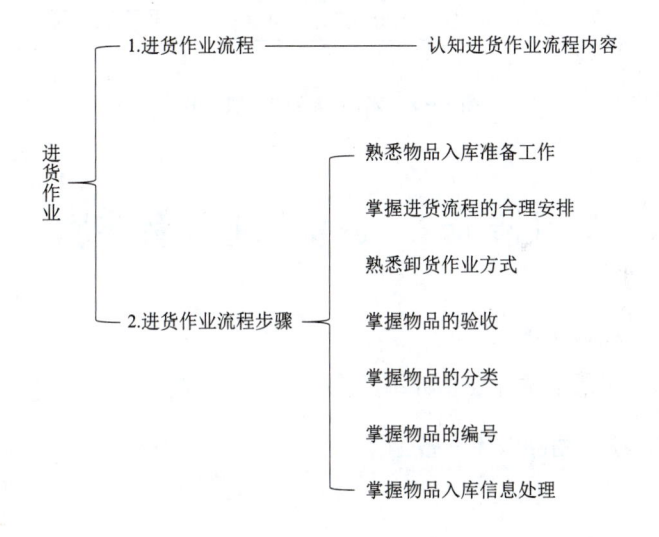

```
           ┌─ 1.进货作业流程 ──────── 认知进货作业流程内容
           │
           │                      ┌─ 熟悉物品入库准备工作
           │                      │
进货       │                      ├─ 掌握进货流程的合理安排
作业       │                      │
           │                      ├─ 熟悉卸货作业方式
           │                      │
           └─ 2.进货作业流程步骤 ──┼─ 掌握物品的验收
                                  │
                                  ├─ 掌握物品的分类
                                  │
                                  ├─ 掌握物品的编号
                                  │
                                  └─ 掌握物品入库信息处理
```

学习情境 1　进货作业流程

知识点:进货作业流程。

关键技能点:了解进货作业的一般流程。

工作任务:认知进货作业流程内容。

☞ 知识窗:

正确理解新质生产力

配送中心的进货环节是商品从生产领域进入流通领域的第一步,进货作业即物品实体上的接收,是将物品从货车上卸下,并核对物品的数量和状态,以及将必要的信息书面化的过程。进货作业的一般流程如图 1-1 所示。

图 1-1 进货作业的一般流程

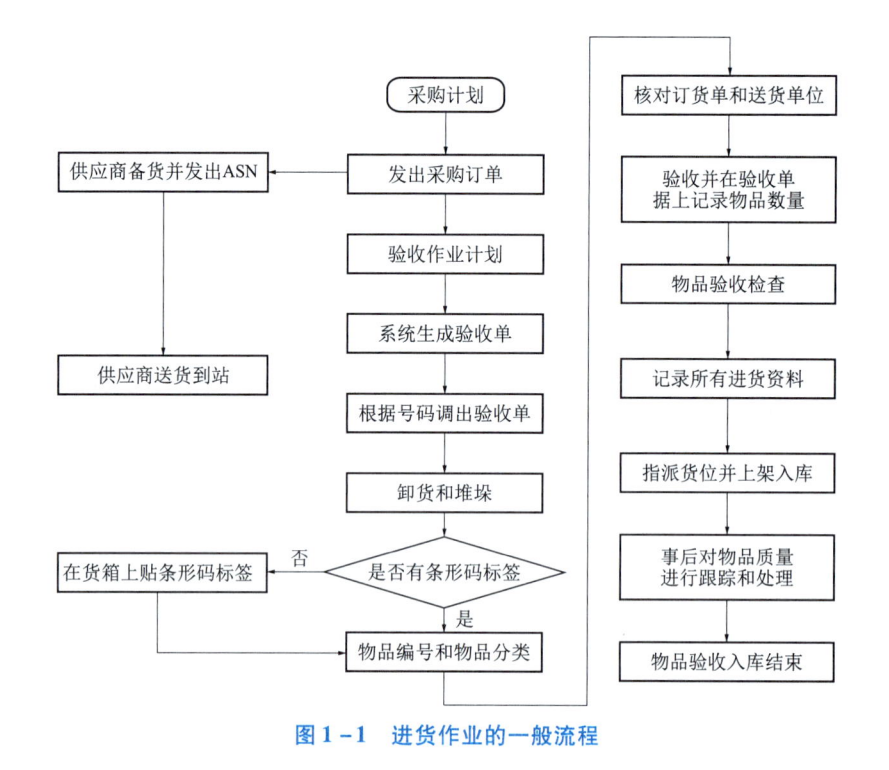

学习情境 2　进货作业流程步骤

知识点：进货作业步骤。

关键技能点：熟悉进货作业的详细步骤。

工作任务 1：熟悉物品入库准备工作。

☞ 知识窗 1

仓库应根据仓储合同或者入库单、入库计划，及时地进行库、棚、场准备，以便物品能按时入库，保证入库过程顺利进行。仓库的入库准备需要由仓库业务部门、仓库管理部门、设备作业部门分工合作，共同做好以下工作：熟悉入库物品、掌握仓库库场情况、制订仓储计划、妥善安排货位、做好货位准备、准备苫垫材料与作业用具、验收准备、装卸搬运工艺设定、单证准备。

知识窗 2-1：熟悉入库物品

仓库业务、管理人员应认真查阅入库物品资料，必要时向存货人询问，掌握入库物品的品种、规格、数量、包装状态、单件体积、到库确切时间、物品存期、物品的理化特性、保管的要求等，据此进行妥善的库场安排、准备。

知识窗 2-2：掌握仓库库场情况

了解在物品入库期间和保管期间仓库的库容、设备、人员的变动情况，以便安排工作。必要时对仓库进行清查，清理归位，以便腾出仓容。如有必须使用重型设备操作的物品，一定要确保该货位可使用重型设备。

知识窗 2-3：制订仓储计划

仓库业务部门根据物品情况、仓库情况、设备情况制订仓储计划，并将任务下达到各相应的作业单位、管理部门。

知识窗 2-4：妥善安排货位

仓库管理部门根据入库物品的性能、数量，结合仓库分区分类保管的要求，核算货位大小，根据货位使用原则，安排货位，验收场地，确定堆垛方法、苫垫方案。

知识窗 2-5：做好货位准备

仓库人员要及时进行货位准备，彻底清洁货位，清除残留物，清理排水管道（沟），必要时安排消毒除虫、铺地。详细检查照明、通风等设备，发现损坏及时报修。

知识窗 2-6：准备苫垫材料与作业用具

在物品入库前，根据所确定的苫垫方案，准备相应的材料，并组织衬垫铺设作业。对作业所需的用具要准备妥当，以便能及时使用。

知识窗 2-7：验收准备

仓库人员根据物品情况和仓库管理制度，确定验收方法。准备验收所需的点数、称量、测试、开箱装箱、丈量、移动照明等工具和用具。

知识窗 2-8：装卸搬运工艺设定

根据物品、货位、设备条件、人员等情况，科学合理地制定卸车搬运工艺，保证作业效率。

知识窗 2-9：单证准备

仓库人员对物品入库所需的各种报表、单证、记录簿等，如入库记录、理货检验单、料卡、残损单等，预填妥善，以备使用。

由于不同仓库、不同物品的性质不同，入库准备工作会有所差别，需要根据具体实际情况和仓库制度做好充分准备。

工作任务 2：掌握进货流程的合理安排。

☞ *知识窗 1：进货作业系统设计原则*

为了让搬运者安全有效率地卸货，以及使配送中心能迅速正确地收货，设计进货计划及其相关信息系统时应注意以下原则：

（1）多利用配送车辆的司机来卸货，以减轻公司作业人员负担及避免卸货作业的拖延。

（2）尽可能将多样活动集中在一个工作站，以节省必要空间。

（3）尽可能平衡停泊码头的配车，如可以依据进出货的状况制定配车排程，或转移部分耗时物品的进货至离峰时间。

（4）将码头月台至仓储区的活动尽量保持直线流动。

（5）依据相关性安排活动，达到距离最小化或省去步行的机会。

（6）安排人力在高峰时间使物品能维持正常速率的移动。

（7）考虑使用可流通的容器，以省却更换容器的动作。

免装卸货时轮子打滑,其功用犹如可移动式楔块,也可用链子等代替吊钩,如图 1-10 所示。

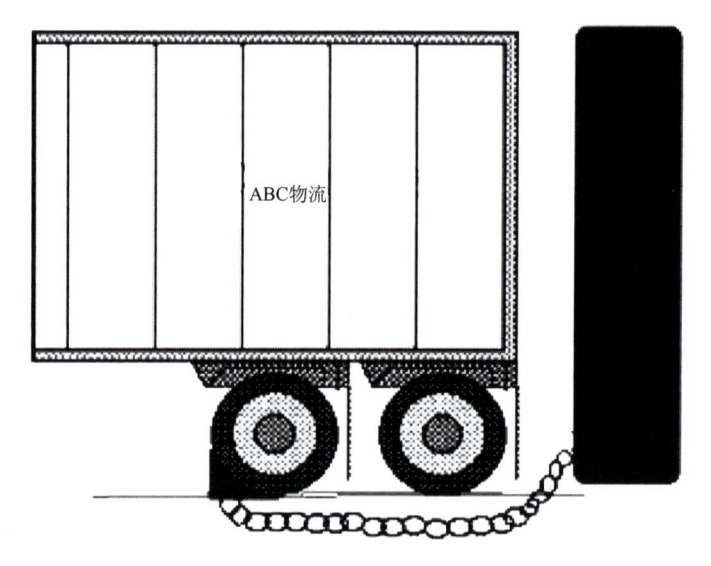

图 1-10 码头吊钩

☞ 知识窗2：将车辆尾端开入停车台装卸货方式

除了使用以上四种设施来克服车辆与月台间的间隙,如果车辆后车厢高度与码头月台同高,还可考虑直接将车辆尾端开入停车台装卸货的方式,如图 1-11 所示。这种方式不但可让车辆与月台更紧密结合,使装卸作业方便有效率,而且对于物品安全也更能发挥保护作用。

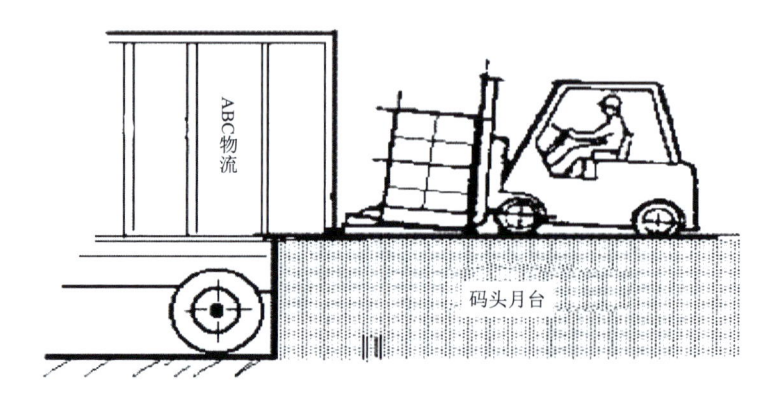

图 1-11 车辆后车厢高度与月台同高的卸货方式

工作任务4：掌握物品的验收。

☞ 知识窗1：验收的标准、方法和内容

物品验收是对物品的质量和数量进行检查的工作。验收工作一般分为两种：第一种是先点收物品,再通知检验部门办理检验工作；第二种是先由检验部门检验品质,认为完全合格后,再通知仓储部门办理收货手续。

知识窗 1-1：物品验收的标准

物品要能达到公司的满意程度才准许进行验收入库，因而验收要符合预定的标准。物品验收的标准有：采购合约或订购单所规定的条件，比价或议价时的合格样品，采购合约中的规格或者图解，各种产品的国家品质标准。

知识窗 1-2：物品检验主要方法（见表 1-2）

表 1-2　物品检验主要方法

检验方法	具体内容
视觉检验	在充足的光线下，利用视力观察物品的状态、颜色、结构等表面状况，检查有无变形、破损、脱落、变色、结块等损害情况，以判定质量
听觉检验	通过摇动、搬运操作、轻度敲击，听取声音，判定质量
触觉检验	利用手感鉴定物品的细度、光滑度、黏度、柔软程度等，判定质量
嗅觉、味觉检验	通过物品特有的气味、滋味测定，判定质量
测试仪器检验	利用各种专用测试仪器进行物品性质测定，如含水量、容积、质量、黏度、成分、光谱等测试
运行检验	对物品进行运行操作，如电器、车辆等，检查操作功能是否正常

知识窗 1-3：物品验收的内容

知识窗 1-3-1：外观质量检验

1. 包装检验

包装检验是对物品的外包装（也称为运输包装、工业包装）的检验，检验包装有无被撬开、开缝、挖洞、污染、破损、水渍和沾湿等不良情况。撬开、开缝、挖洞有可能是被盗的痕迹；污染是因配装、堆存不当造成；破损有可能因装卸、搬运作业不当或装载不当造成；水渍和沾湿是由雨淋、渗透、落水，或内容渗漏、潮解造成。包装的含水量是影响物品保管质量的重要指标，一些包装物含水量高表明物品已经受损，需要进一步检验。

2. 物品外观检验

对无包装的物品，直接查看物品的表面，检查是否有生锈、破裂、脱落、撞击、刮痕等损害。

3. 质量、尺寸检验

对物品的单件质量、物品尺寸进行测量，确定物品的质量。

4. 标签、标志检验

检查物品的标签和标志是否具备、完整、清晰等，标签、标志与物品内容是否一致。

5. 气味、颜色、手感检验

通过物品的气味、颜色判定是否新鲜，有无变质；用手触摸、捏试，判定有无结块、干涸、融化、含水量太高等现象。

（1）流水号法。由1开始按数字顺序一直往下编，是最简单的编号法，常用于账号或发票编号，属于延展式的方法。此方法需要配合编号索引，否则无法直接了解编号意义，如表1-6所示。

表1-6　流水号法

编号	物品名称
1	洗发精
2	肥皂
3	牙膏
4	洗面乳

（2）数字分段法。与流水号法不同之处在于把数字分段，让每一段数字代表共同特性的一类物品，如表1-7所示。

表1-7　数字分段法

编号	物品名称
1	4块装肥皂
2	6块装肥皂
3	12块装肥皂用
4	4-5是肥皂预留编号
5	
6	黑人牙膏
7	白人牙膏
8	牙膏编号用
9	9-12是牙膏预留编号
…	

（3）分组编号法。依物品的特性分成多个数字组，每一数字组代表此项物品的一种特性，例如第一数字组代表物品的类别，第二数字组代表物品的形状，第三数字组代表物品的供应商，第四数字组代表物品的尺寸，至于每一个数字组的位数多少要视实际需要而定。此方法现今使用较为普遍。例如：编号07-5-006-110，其编号意义如表1-8所示。

表1-8　分组编号法

项目	类别	形状	供应商	大小	意义
编号	07				饮料
		5			圆筒

续表

项目	类别	形状	供应商	大小	意义
编号			006		统一
				110	4′×9′×15′

（4）实际意义编号法。依物品的名称、质量、尺寸乃至于分区、储位、保存期限或其他特性的实际情况进行编号，如表1-9所示。此方法的优点是由编号即能很快了解物品的内容及相关信息。

表1-9　实际意义编号法

编　号	意　义
FO4915 B1	FO 表示 Food，食品类
	4915 表示 4′×9′×15′，尺寸大小
	B 表示 B 区，物品所在储区
	1 表示第一排料架

（5）后数位编号法。运用编号末尾的数字对同类物品做进一步的细分，也就是从数字的层级关系可以看出物品的归属类别，如表1-10所示。

表1-10　后数位编号法

编号	物品类别
260	服饰
270	女装
271	女上衣
271.1	女衬衫
271.11	女装红色衬衫

（6）暗示编号法。用数字与文字的组合来编号，编号本身虽不直接指明物品的实际情况（与实际意义编号法不同），却能暗示物品的内容，如表1-11所示。这种方法的优点是容易记忆，但又不易让外人了解。

表1-11　暗示编号法

项目	物品名称	尺寸	颜色与类型		供应商
暗示编号	BY	005	W	B	10
表示含义	脚踏车（Bicycle）	大小型号（5号）	白色（White）	小孩型（Boy's）	供应商号码

☞ 知识窗4：物品编号的两种形式

（1）延展式。此形式并不限制物品分类的级数或文字数字的多少，可视实际需要不断延长，较具弹性。排列上难求整齐规律，是美中不足的地方。

（2）非延展式。此形式的编号对于物品分类的级数及采用的文字数字均有一定限制，不能任意伸展，因而虽能维持整齐划一的形式，但缺乏弹性，难以适应实际增减的需要。

为识别物品而使用的编号标示可置于容器、零件、商品或储位上，让作业人员很容易地获得信息。一般来说，容器及储位的编号标示以特定使用为目的，能被永久地保留，而零件或产品上的编号标示则弹性地增加物品号码，甚或制造日期、使用期限，以方便出货的选择，如先进先出等。

工作任务7：掌握物品入库信息处理。

☞ 知识窗1：交接手续

交接手续是指仓库对收到的物品向送货人进行确认，表示已接收物品。办理完交接手续，意味着划清了运输、进货部门和仓库的责任。完整的交接手续包括：

1. 接收物品

仓库以送货单为依据，通过理货、查验物品，将不良物品剔出、退回或者编制残损单证等明确责任，确定收到物品的确切数量、物品表面状态良好。

2. 接收文件

接收送货人送交的物品资料、运输的货运记录、普通记录等，以及随货在运输单证上注明的相应文件，如图纸、准运证等。

3. 签署单证

仓库与送货人或承运人共同在送货人交来的送货单、交接清单上签署和批注，留存相应单证，并提供相应的入库、查验、理货、残损单证、事故报告，由送货人或承运人签署。

☞ 知识窗2：登账

物品查验中，仓库根据查验情况制作入库单，详细记录入库物品的实际情况，对短少、破损等情况在备注栏填写和说明。物品入库，仓库应建立详细反映物品仓储的明细账，登记物品进库、出库、结存的详细情况，用以记录库存物品的动态和出入库过程。登账的主要内容有：物品名称、规格、数量、累计数或结存数、存货人或提货人、批次、金额，注明货位号或运输工具、接（发）货经办人。

☞ 知识窗3：立卡

物品入库或上架后，将物品名称、规格、数量或出入状态等内容填在料卡上，称为立卡。料卡又称为货卡、货牌，插放在物品下方的货架支架上或摆放在货垛正面的明显位置。

☞ 知识窗4：建档

仓库应对所接收的物品或者委托人建立存货档案或者客户档案，便于物品管理和保持客户联系，也为将来可能发生的争议保留凭据，同时有助于总结和积累仓库保管经验，研究仓储管理规律。存货档案应该一货一档设置，将该物品入库、保管、交付的相应单证、报表、记录、作业安排、资料等原件或者附件、复制件存档。存货档案应统一编号，妥善保管，长期保存。

存货档案的内容包括：

（1）物品的各种技术资料清单等，如合格证、装箱单、质量标准、送货单、发货单等。

（2）接收的仓单、货垛牌、仓储合同、存货计划、收费存根等。

（3）物品运输单据、普通记录、货运记录、残损记录、装载图等。

（4）入库凭证、交接签单、送货单、出货单、检查报告等。

（5）保管期间的检查、保养作业、通风除湿、翻仓、事故等直接操作记录，存货期间的温度、湿度、特殊天气的记录等。

（6）入库通知单、验收记录、磅码单、技术检验报告。

（7）其他有关该物品仓储保管的特别文件和报告记录。

**实训场景1
任务实训**

☞ 知识窗2：选用定位储存的原因

（1）储位安排考虑了物品尺寸及质量（不适随机储存）。
（2）储存条件对物品非常重要，例如，有些物品必须控制温度。
（3）易燃物必须限制储存于一定高度，以满足保险标准及防火法规。
（4）由管理或其他政策指明某些物品必须分开储存，例如饼干和肥皂，化学原料和药品。
（5）保护重要物品。

☞ 知识窗3：定位储存的优点

（1）每类物品都有固定储存位置，拣货人员容易熟悉物品储位。
（2）物品的储位可按周转率大小（畅销程度）安排，以缩短出入库搬运距离。
（3）可针对各种物品的特性做储位的安排调整，将不同物品特性间的相互影响减至最小。

☞ 知识窗4：定位储存的缺点

储位必须按各项物品的最大在库量设计，因此储区空间平时的使用效率较低。

☞ 知识窗5：适用范围

总的来说，定位储存容易管理，所需的总搬运时间较少，但需要较多的储存空间。此策略较适用于厂房空间大、多种少量物品的储存等情况。

工作任务2：熟悉随机储存策略。

☞ 知识窗1：随机储存

每一类物品被指派储存的位置都是随机产生的，而且可经常改变；也就是说，任何物品可以被存放在任何可利用的位置。随机储存一般是由储存人员按习惯来储存，且通常可与靠近出入口法则联用，按物品入库的时间顺序储存于靠近出入口的储位。

☞ 知识窗2：随机储存的优点

由于储位可共用，因此不需要按所有库存物品最大在库量设计，储区空间的使用效率较高。

☞ 知识窗3：随机储存的缺点

（1）物品的出入库管理及盘点工作的难度较高。
（2）周转率高的物品可能被储存在离出入口较远的位置，增加了出入库的搬运距离。
（3）具有相互影响特性的物品可能相邻储存，造成物品的伤害或发生危险。

☞ 知识窗4：适用范围

一个良好的储位系统中，采用随机储存能使料架空间得到最有效的利用，因此储位数目得以减少。模拟研究显示，随机储存系统与定位储存比较，可节省35%的移动储存时间及增加30%的储存空间，但不利于物品的拣取作业。因此随机储存较适用于下列两种情况：厂房空间有限，需尽量利用储存空间；种类少或体积较大的物品。

工作任务3：熟悉分类储存策略。

☞ 知识窗1：分类储存

所有的储存物品按照一定特性加以分类，每一类物品都有固定存放的位置，而同属一类的不同物品又按一定的法则来指派储位。分类储存通常按产品的相关性、流动性、尺寸、质量、特性来分类。

☞ 知识窗2：分类储存的优点

（1）便于畅销品的存取，具有定位储存的各项优点。

（2）各分类的储存区域可根据物品特性再作设计，有助于物品的储存管理。

☞ 知识窗3：分类储存的缺点

储位必须按各项物品最大在库量设计，因此储区空间的平均使用效率低。

☞ 知识窗4：适用范围

分类储存较定位储存具有弹性，但也有与定位储存同样的缺点，因而较适用于以下情况：产品相关性大且经常被同时订购的物品、周转率差别大的物品、产品尺寸相差大的物品。

工作任务4：熟悉分类随机储存策略。

☞ 知识窗1：分类随机储存

每一类物品有固定存放的储区，但在各类的储区内，每个储位的指派是随机的。分类随机储存兼有分类储存及随机储存的特点，需要的储存空间量介于两者之间。

☞ 知识窗2：分类随机储存的优点

分类随机储存具有分类储存的部分优点，又可节省储位数量，提高储区利用率。

☞ 知识窗3：分类随机储存的缺点

物品出入库管理及盘点工作的难度较高。

工作任务5：熟悉共同储存策略。

☞ 知识窗：共同储存

在知道各物品进出仓库确定时间的前提下，不同的物品可共用相同储位的方式称为共同储存。共同储存在管理上虽然较复杂，所需的储存空间及搬运时间却更经济。

学习情境3　储位指派原则

知识点：储位指派原则的内容和分类。

关键技能点：理解储位指派原则的内容和运用方法。

工作任务1：掌握可与随机储存策略、共同储存策略相配合的指派原则。

☞ 知识窗：

储存策略是储区规划的大原则，因而还必须配合储位指派原则才能决定储存作业实际运作的模式。

良好的储存策略与储位指派原则相配合，可大量减少拣取物品所移动的距离，越复杂的储位指派原则需要功能越强的电脑相配合。

可与随机储存策略、共同储存策略相配合的指派原则：运用靠近出入口法则将刚到达的物品指派到离出入口最近的空储位上。

工作任务2：掌握可与定位储存策略、分类储存或分类随机储存策略相配合的指派原则。

工作任务2-1：掌握以周转率为基础的原则。

☞ 知识窗1：

依周转率划分储区即按照物品在仓库的周转率（销售量除以存货量）来排定储位。如图1-12所示，首先依周转率由大到小排出一个序列，再将此序列分为若干段，通常分为三至五段。同属于一段中的物品列为同一级，依照定位或分类储存法的原则，指定储存区域给每一级的物品，周转率越高应离出入口越近。

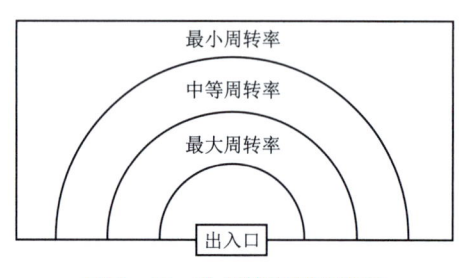

图1-12 依周转率划分储区

☞ 知识窗2：

当进货口与出货口不相邻时，可按照进仓、出仓次数来做储存空间的调整，表1-12为A、B、C、D、…、H八种物品进出仓库的情况，当出入口分别在仓库的两端时，可依物品进仓及出仓的次数比率，来指定其储位，即比率越大的物品，越要靠"分子"——进货口处。

表1-12 八种物品进出仓库的情况

物品	进仓次数	出仓次数	进仓次数/出仓次数
A	40	40	1.0
B	67	67	1.0
C	250	125	2.0
D	30	43	0.7
E	10	100	0.1
F	100	250	0.4
G	200	400	0.5
H	250	250	1.0

工作任务2-2：掌握物品相关性原则。

☞ 知识窗：

物品相关性大小可以利用历史订单数据做分析，因为物品相关性较大者在订购时可以经常被同时订购，所以应尽可能储存在相邻位置。物品相关性储存的优点有：缩短提取路程，减少作业人员疲劳，简化清点工作。

工作任务 2-3：掌握物品同一性原则。

☞ *知识窗：*

所谓同一性原则，是指把同一物品储存于同一储位的原则。这种将同一物品储存于同一储位来加以管理的方式，比较有管理效率。根据物流中心的储位指派原则建立一个能让作业人员对于物品储位熟知，并且对同一物品的存取花费最少搬运时间的系统是提高物流中心作业生产率的基本原则之一。当同一物品散布于仓库内多个位置时，物品的储存、取出等作业是非常不便的，盘点以及作业人员对料架物品掌握程度等方面也很困难，因而物品同一性原则是任何物流中心都应确实遵守的重点原则。

工作任务 2-4：掌握物品类似性原则。

☞ *知识窗：*

物品类似性原则是指将类似物品比邻储存，这个原则是根据与物品同一性原则同样的观点而来的。

工作任务 2-5：掌握物品互补性原则。

☞ *知识窗：*

互补性高的物品应储存于邻近位置，以便缺料时可迅速以另一物品来替代。

工作任务 2-6：掌握物品相容性原则。

☞ *知识窗：*

相容性低的物品绝不可储存在一起，以免损害品质，如烟、香皂、茶不可储存在一起。

工作任务 2-7：掌握先进先出原则。

☞ *知识窗：*

所谓先进先出，是指先储存的物品先出库，一般适用于寿命周期短的物品，例如感光纸、软片、食品等。先进先出作为库存管理的原则是必需的，但是如果在产品形式变更少，产品寿命周期长，储存时不易产生减耗、破损等情况下，则需要考虑采用先进先出的管理费用及所得到的利益，将两者间的优劣点比较后，再来决定是否采用先进先出原则。

工作任务 2-8：掌握叠高原则。

☞ *知识窗：*

叠高原则是指像堆积木般将物品叠高。以物流中心整体有效储存的观点来看，提高储存效率是必然的事，而利用栈板等工具来将物品堆高的容积效率要比平置方式的高。但需注意的是，如果在诸如一定要先进先出等库存管理限制条件很严时，一味地往上叠并非最佳的选择，应考虑使用合适的料架或积层架等储存设备，以使叠高原则不至于影响出货效率。

工作任务 2-9：掌握面对通道原则。

☞ 知识窗：

面对通道原则就是物品面对通道来储存，将可识别的标号、名称让作业人员容易简单地辨识。为了使物品的储存、取出能够容易且有效率地进行，物品就必须面对通道来保管，这也是使物流中心内作业能流畅进行及活性化的基本原则。

工作任务 2-10：掌握产品尺寸原则。

☞ 知识窗：

在仓库布置时，要同时考虑物品单位大小以及由相同的一群物品所组成的整批形状，以便能提供适当的空间满足某一特定需要。所以在储存物品时，必须有不同大小位置的变化，用以容纳一切不同大小的物品和不同的容积。一旦未考虑储存物品单位大小，就可能造成储存空间太大而浪费空间或储存空间太小而无法存放；未考虑储存物品整批形状，也可能造成整批形状太大无法同处储存（数量太多）或浪费储存空间（数量太少）。一般将体积大的物品储存在进出较方便的位置。

工作任务 2-11：掌握质量特性原则。

☞ 知识窗：

质量特性原则，是指按照物品质量的不同来决定储存物品于保管场所的高低位置上。一般而言，重物应保管于地面上或料架的下层位置，而质量轻的物品则保管于料架的上层位置；如果是以人手进行搬运作业时，人的腰部以下的高度用于保管重物或大型物品，而腰部以上的高度则用来保管质量轻的物品或小型物品。此原则对于使用料架的安全性及人手搬运作业有很大的意义。

工作任务 2-12：掌握物品特性原则。

☞ 知识窗1：

物品特性不仅涉及物品本身的危险及易腐性质，同时也可能影响其他物品，因此在物流中心布置设计时必须考虑。此原则的优点在于：不仅能随物品特性而有适当的储存设备保护，还容易管理与维护。

☞ 知识窗2：**五种有关物品特性的基本储存方法**

（1）易燃物品的储存：必须储存在具有高度防护作用的建筑物内或安装适当的防火设备的空间。

（2）易窃物品的储存：必须装在有加锁的笼子、箱、柜或房间内。

（3）易腐物品的储存：必须储存在冷冻、冷藏或其他特殊的设备内。

（4）易污损品的储存：可使用帆布套等覆盖。

（5）一般物品储存：需要储存在干燥及管理较好的库房，以应对客户随时提取的需要。

工作任务 2-13：掌握储位表示原则。

☞ *知识窗：*

储位表示原则，是指把保管物品的位置给予明确表示的原则。此原则主要目的在于将存取单纯化，并能减少其间的错误，尤其在临时人员、高龄作业人员较多的物流中心中，此原则更为必要。

工作任务 2-14：掌握明示（表示）性原则。

☞ *知识窗：*

明示性原则，是指利用视觉，使保管场所及保管物品能够容易识别的原则。此原则对于储位表示原则、同一性原则及叠高原则等皆能顾及。

学习情境 4　设计储位系统标记

知识点：储位系统标记。

关键技能点：掌握储位系统标记的功能和运用方法。

工作任务 1：认知储位系统标记的功能。

☞ *知识窗 1：*

原来，一般都只是使用"记忆系统"来帮作业人员简单地记住物品大概位置，然而这种做法往往发挥不了多大作用。而后，使用品名、序号、记号或其他指示号码来记录物品位置的方法也被使用。但只考虑物品本身代号的系统仍不够完全，也无弹性，因此，所谓"暗示性储位标号"便得以发展，其意义就是要能指出物流中心的每一个点，让作业人员能很肯定地指出什么东西被放在什么地方，使每品项都有一个"地址"，以便于需要时马上可找到它。

☞ *知识窗 2：*

储位经过了编码，在管理上具有以下功能：

(1) 确定储位资料的正确性。
(2) 提供计算机中相应的记录位置以供识别。
(3) 提供进出货、拣货、补货等人员存取物品的位置依据，方便物品进出、上架及查询，节省重复找寻物品的时间。
(4) 提高调仓、移仓的工作效率。
(5) 可以利用计算机处理分析。
(6) 因记录正确，可迅速储存或拣货。
(7) 方便盘点。
(8) 可让仓储及采购管理人员了解储存空间，以控制物品存量。
(9) 可避免物品因胡乱堆置导致过期而报废，并可有效掌握存货，降低库存量。

创新精神的重要性

工作任务 2：熟悉掌握储位系统标记的方法。

☞ 知识窗 1：区段方式

区段方式指把保管区域分割为几个区段，再对每个区段编码。这种编码方式是以区段为单位，每个号码所代表的储位区域较大，因此，适用于容易单元化装载的物品，以及大量或保管周期短的物品。在 ABC 库存分类法中的 A、B 类物品很适合这种编码方式（ABC 库存分类法见学习情境 7）。物品以物流量大小来决定其所占的区段大小，以进出货频率来决定其配置顺序。

☞ 知识窗 2：商品群别方式

商品群别方式指把一些相关物品经过集合后，区分成几个商品群，再对每个商品群进行编码。这种编码方式适用于按商品群类别保管及品牌差距较大的物品，例如服饰、五金物品等。

☞ 知识窗 3：地址式

地址式指利用保管区域中的现成参考单位，例如建筑物第几栋、区段、排、行、层、格等，依照其相关顺序来进行编码。该方式是目前物流配送中心使用最多的一种编码方式。但由于其储位体积所限，适合一些量少或单价高的物品储存使用，例如 ABC 库存分类法中的 A 类物品。

☞ 知识窗 4：坐标式

坐标式指利用空间概念来编排储位。由于其储位切割细小，在管理上比较复杂，适用于流通率很低、长时间存放的物品。

☞ 知识窗 5：举例说明

通常我们把货架纵列数称为"排"，每排货架水平方向的货格数称为"列"，每列货架垂直方向的货格数称为"层"。一个货架系统的规模可用"排数×列数×层数"，即货格总数来表示。例如，"50 排×20 列×5 层"，其货格总数为 5 000 个。

在一个货架系统中，某个货格的位置（即储位）可以用其所在的排、列、层的序数来表示，称之为储位的地址，例如"03 - 15 - 04"即表示第 3 排、第 15 列、第 4 层的储位。用储位地址作为货格的编号，简单明了，具体例子如表 1 - 13 所示。

表 1 - 13 地址式编码的举例

项目	编码的意义				
数字	10	3	15	72	3
含义	储存区域	楼	排	列	层
说明	储存区域从"1"开始标号	楼层	较长列，又称"Cross Row"，一般设定标号不超过 50，即 STACK 列数由左至右不超过 50	较短列，即以货架区分，又称"Main Row"，一般由 51 开始标号，因 1～50 保留给较长列（排）编号	每一货架由下向上数的层数

续表

项目	编码的意义		
数字范围	大批量储区	按照规模设在 30～50	51～100
	中批量储区		101～150
	小批量储区		151

标签号码 103－15－723，其意义如下：

（1）"10－BLDG"指储存区域，由"1"开始标号。

（2）"3－FLOOR"指库房楼层级。

（3）"15－STACK；排"指较长列，又称"Cross Row"，一般设定标号不超过"50"，即 STACK 列数由左至右不超过 50。

（4）"72－ROW；架"指较短列，即以货架区分，又称"Main Row"，一般由"51"开始标号，因 01－50 保留给较长列（排）编号。

（5）"3－LEVEL"指每一货架由下向上数的层数。

学习情境 5　储存方式

知识点：储存方式的种类。

关键技能点：掌握不同种类的储存方式。

工作任务 1：认知不同种类的储存方式。

☞ 知识窗 1：托盘堆垛方式

托盘堆垛方式即使用叉车将满载物品的托盘直接放置到储存的位置，再将第二个托盘、第三个托盘的物品用叉车依次提升叠放。这种方式完全采用叉车作业，不需人力，但托盘上的物品必须堆码平整，让上面的托盘能平稳放置。

☞ 知识窗 2：货架储存方式

货架储存系统的优点是：可以充分利用库房的高度，消灭或降低蜂窝率，提高仓容利用率；便于机械化和自动化操作；每一货格都可以任意存取，物品品类的可拣选率达到 100%；物品不受上层堆叠的重压，特别适宜于异型物品和怕压易碎的物品；便于实行定位储存和计算机管理。

☞ 知识窗 3：就地堆垛方式

不同物料堆放时：重物在下，轻物在上；易损物品，要固定；易倒物品，要挤压住；长条形物品，要放倒；立体堆放的材料和物品要限制堆放高度。垛底与垛高之比为 1∶2 的前提下，垛高不得超过 2m；堆垛不得倾斜、有晃动。钢材，应靠通道侧边整齐放置。

工作任务 2：理解提高货架储存系统空间利用率的措施。

☞ 知识窗 1：驶入式和通过式货架

这类货架必须使用托盘，实质上是一种多托盘进深的货架，叉车直接进入货架进金（固定资金减少），并使营运资金的结构保持平衡。

（2）降低库存成本：保有合理库存可减少由库存所引起的持有成本、订购成本、缺货成本等，降低库存成本。

（3）保护财务：防止有形资产流失，且使存货的价值在账簿上能有正确的记录，以达到财务保护的目的。

（4）防止迟延及缺货，使进货与存货取得全面平衡。

（5）减少呆料的发生，使存货因变形、变质、陈腐产生的损失减至最少。

前三者属于财务合理化的目的，后二者则属于作业合理化的目的。

工作任务3：熟悉存货管理的关键问题。

☞ 知识窗1：何时必须补充存货——订购点的问题

订购点，也称订货点，是指库存量降至某一数量时，应即刻请购补充的点或界限。一旦订购点抓得过早，则将使存货增加，相对增加了物品的在库成本及空间占用成本；倘若订购点抓得太晚，则将造成缺货，甚而流失客户、影响信誉。因而订购点的掌握非常重要。

☞ 知识窗2：必须补充多少存货——订购量的问题

订购量是指在存量已达请购点时，决定请购补充的数量，按此数量请购，方能配合最高存量与最低存量的基准。一旦订购量过多，则物品的在库成本增加；若订购量太少，物品可能有供应间断之虞，且订购次数必增加，亦提高了订购成本的花费。

☞ 知识窗3：应维持多少存货——存量基准的问题

知识窗3-1：最低存量

最低存量是指管理者在衡量企业本身特性、需求后，所制定的物品库存数量应予维持的最低界限。最低存量又分为理想最低存量及实际最低存量两种。

（1）理想最低存量：理想最低存量又称购置时间（自开始订购物品至将物品运入物流中心的采购周期时间）使用量，也就是采购期间尚未进货时的物品需求量，这是企业需维持的临界库存，一旦物品存量低于此界限，则有缺货、停工的危险。

（2）实际最低存量：既然理想最低存量是一临界库存，因而为保险起见，许多企业会在理想最低存量外再设定一准备的安全存量，以防供应不及发生缺货，这就是实际最低存量。实际最低存量亦称最低存量，为安全存量与理想最低存量之和。

知识窗3-2：最高存量

最高存量是指为防存货过多浪费资金，各种物品均应限定其可能的最高存量，也就是物品库存数量的最高界限，最高存量可作为内部警戒的一个指标。

☞ 知识窗4：确定最佳库存管理模型的步骤

知识窗4-1：库存管理模型

确定合理库存是物流管理的重要内容之一。对于库存管理没有统一的模型，而且每个企业都有自己特殊的库存管理要求，所以企业只能根据自己的情况，建立有关模型，解决具体问题。库存管理模型应抓住补充、存货、供给等这几个相互联系的环节。为了确定最佳的库存管理模型，需要掌握每日存货增减的情况和有关项目的内容。建立模型时，可采用如图 1-13 所示的步骤。

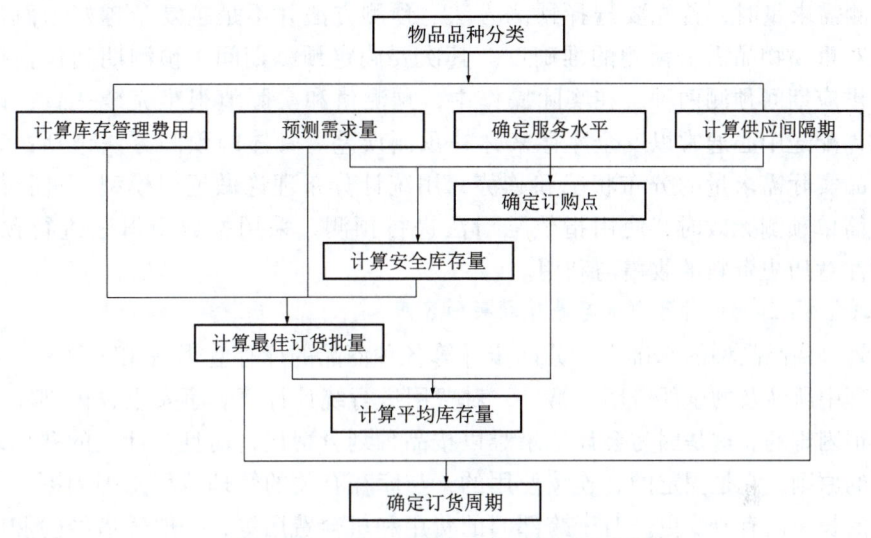

图 1-13　确定最佳库存管理模型的步骤

知识窗 4-2-1：ABC 库存分类法

企业经营的商品品种繁多，不同的品种对资金占用和库存周转的影响存在较大的差异，因此有必要对商品品种进行分类，实施不同的管理方法。一般最常用和最有效的分类方法就是 ABC 库存分类法。

ABC 库存分类法，是指按一定指标（如价值、销售量、配送中心的出货量、进货量等）对商品进行分类的方法。例如，可以根据每年销售额的多少，按各品种销售额指标的大小依次排列，并分别计算出各项品种指标占综合品种指标的比例，再按大小顺序累计相加，然后描绘出这些品种的两种累计率的对应图，该图即可称为 ABC 曲线图，如图 1-14 所示。通常，A 类商品的销售量约占总销量的 70%；B 类商品的销售量约占总销量的 20%；剩余的为 C 类商品，其销售量约占总销量的 10%。最后，在分类的基础上，按照 A、B、C 三类商品的顺序，寻求管理对策。

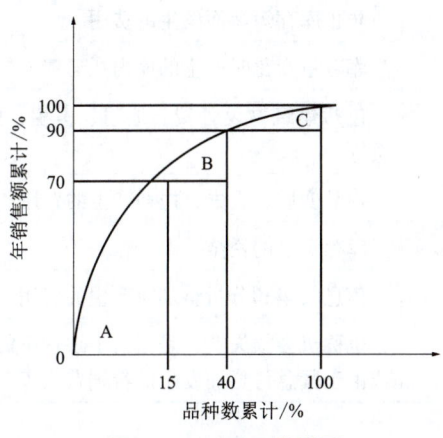

图 1-14　ABC 曲线图

知识窗 4-2-2：预测需求量

预测需求量时，首先要选择预测方法。预测方法并不是越复杂越好，而是它能否提高对重要物品需求预测的准确度。其次要确定预测期间。预测期间包括按年预测和按供应期间预测两种。在实际操作中，预测值和实际值很难完全一致，误差在所难免，配送中心通常以安全库存来弥补预测误差。具体的预测方法包括：掌握以往的物品实际需求量的分布状况和趋势；用统计分布理论做近似模型，进行简单预测；当简单预测无效时，使用指数平滑法进行预测，采用指数平滑法进行预测时，应特别注意历史资料的收集与利用。

知识窗 4-2-3：计算与库存管理相关的费用

在划分商品品种的基础上，分两步计算各种商品的库存管理费用：第一，要明确库存管理中所涉及的全部费用；第二，对费用进行统计计算。事实上，识别库存管理费用是很困难的。这是因为会计记录难以按品种划分费用，而且会计上的费用划分有其特定的原则，它是固定的、连续使用的，与库存有关的管理费用却因周围情况和计划时期的长短而有所变更。对于跨部门的费用和机会费用等，一般凭借经验和统计手段来判别。库存管理费用一般包括与订货和保管相关的费用，如表 1-15 所示。

表 1-15　库存管理的相关费用

项目	内容
订货费	因订货次数不同，所以通常以每次订货的费用来表示
1. 购入费	即商品的进价，应注意大量进货时商品折价的情况
2. 事务费：通信费、运输费等	包括与订货有关的通信费、工作时间的外勤费、运输费、入库费等
保管费	根据库存量的不同而发生变化的费用
1. 利息	利息可以是因为库存占用资金所要支付的利息，也可以是为了增加库存而支付的费用，或企业对库存投资希望得到的利益等。一般在上述费用中取大值
2. 保险金	防止库存短缺而发生的费用
3. 搬运费	库存量变化时产生的库内托运费
4. 仓库经费	包括建筑物设备费、地租、房租、修理费、水费、电费、水暖费等
5. 盘点物品损耗费	物品变质、丢失、损耗产生的费用
6. 税金	库存资金的税金
库存调查费	信息收集和分析整理时产生的费用
缺货费	也称机会损失费，是指由于缺货不能为顾客服务所发生的费用，或由于紧急订货而发生的特别费用等

知识窗 4-2-4：确定服务率

服务率是指在一定期间内，例如一年、半年内，配送中心不缺货时间与总供应时间的比率。服务率的反面即缺货率，两者的和为 1。服务率的高低，对企业经营有着重要意义。服务率越高，要求拥有的库存量就越多。必须根据企业的战略、商品的重要程度来确定该指标。重要商品（如 A 类商品和促销品）的服务率可定为 95% ~ 100%。对于次重要或不重要的商品的服务率，可以定得相对低一些。服务水平提高，库存管理费用也会随之增加。

知识窗 4 - 2 - 5：确定供应间隔期

供应间隔期是指从订货到交货所需要的时间，又称供货期间，它主要是根据供应商的情况来确定。如果物流配送中心是从生产商处直接进货，必须充分了解生产商的生产过程、生产计划、工厂仓库的储存能力等情况，在进行全面的分析之后再确定供应间隔期。供应商的供应间隔期长，意味着配送中心库存量的增加，所以供应间隔期越短越好。若供应间隔期有变动，则需要增加安全库存量以确保供应。因此，订货之初就应明确有约束的安全供应间隔期。

知识窗 4 - 2 - 6：确定订购点

（1）订货有两种方式：一是定期订货，二是订购点订货。定期订货是事前确定固定的订购周期，定期补充库存的订货方式，这种方式适用于重要物品的订货管理。定期订货一般以每周、每月或 3 个月为一个订货周期，其计算公式如下：

$$订货周期 = \frac{平均一次订货量}{单位时间内平均需求量}$$

（2）订购点订货是指库存即将低于一定水平时即发出订购指令的订货方式。订购点是指在补充库存之前，即在订购库存物品的时点上，仓库所具备的库存量，如图 1 - 15 所示。

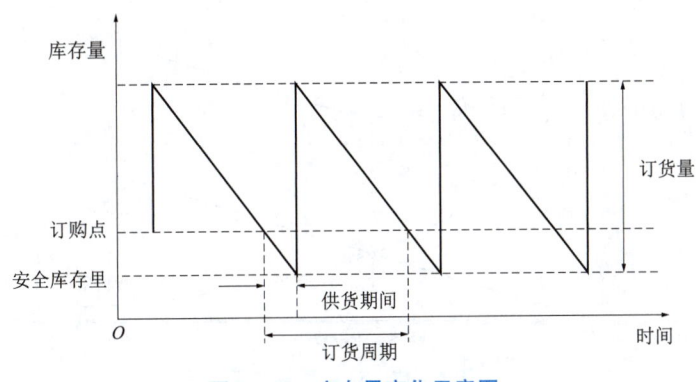

图 1 - 15　库存量变化示意图

（3）订购点上仓库所具备的库存量，要适应订购商品供货期间所需的量。当需要量和供货期间没有变动时：

$$订购点 = 供货期间单位时间内平均需要量 × 供应时间$$

当需要量和供货期间发生变化时：

$$订购点 = 供货期间的需要量 + 该期间变动所需要的预备库存量$$
$$= 供货期间的一般需要量 + 该期间不确定因素所需要的预备库存量$$
$$= （单位时间内平均需要量 × 供应时间） + 安全库存量 - 在途库存量$$

知识窗 4-2-7：计算安全库存量

安全库存量是指除保证正常状态下的库存计划量之外，为了防止因不确定因素引起的缺货而备用的缓冲库存，如图1-16所示。如果不确定因素考虑过多，就会导致库存过剩。不确定因素主要来自两个方面：一方面是需求量预测的不确定，另一方面则是供货期间的不确定。安全库存量的计算公式如下：

安全库存量 = 安全系数 × 根据需要及供货期间等变动确定的库存量

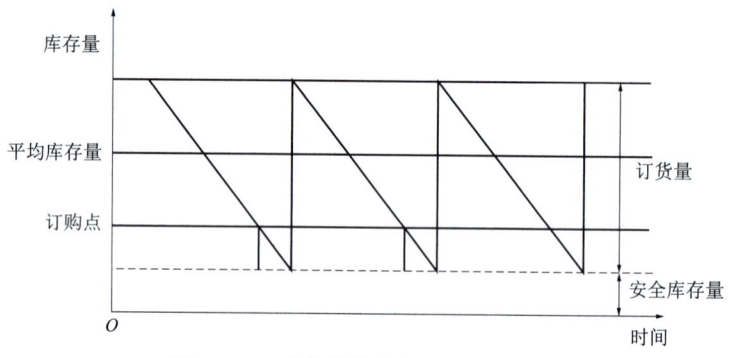

图 1-16 库存量的变化与安全库存量

知识窗 4-2-8：确定订货量

（1）订货量的确定是库存管理的核心。订货量是指以最少的库存管理费用，达到最满意的服务质量时的订货量。物流配送中心通常采用经济订货批量模型来确定最佳的订货量。研究经济订货批量的方法，是用年库存管理的总费用和订货量的关系来表示的，如图1-17所示。

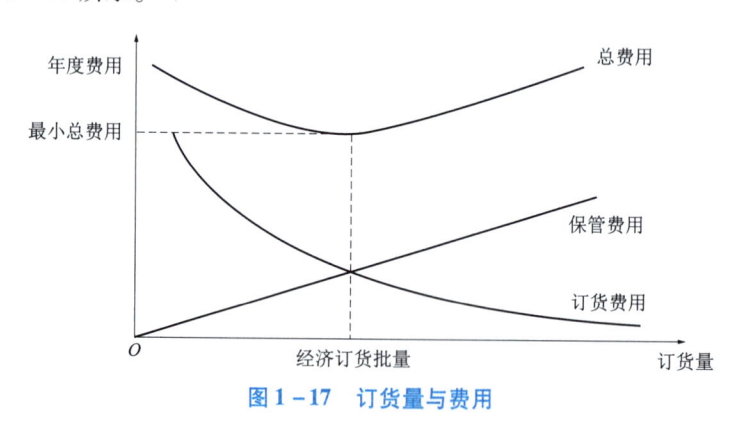

图 1-17 订货量与费用

（2）订货量越大，库存越多，与库存相关的保管费用也相应增加；但同时，由订货量的增加导致了订货次数的减少，而与订货有关的各项费用也相应减少。由此可见，保管费用和订货费用反映出相反的增减关系，呈此消彼长的状态。在求出每次订货量的保管费用和订货费用之和的总费用最小值时，所对应的订货量就是经济订货批量，其计算公式如下：

$$Q = \sqrt{\frac{2RC}{Pi}}$$

式中：Q 表示平均每次的订货量；R 表示年需求量；C 表示平均每次订货发生的费用；P 表示库存物品的单价；i 表示年保管费与库存物品金额的比率。

（3）某一期间内平均库存量的确定可参考如下计算公式：

$$平均库存量 = \frac{订货量}{2} + 安全库存量$$

**实训场景 2
任务实训**

实训场景 3
盘点作业

【学习目标】

【知识目标】了解盘点作业的步骤，熟悉盘点方式。

【技能目标】熟悉盘点结果中的六项指标，掌握盘点结果分析评估。

【素养目标】培养学生明辨是非的道德品质和法律意识，塑造学生突破常规的科学精神和责任担当。

【思维导图】

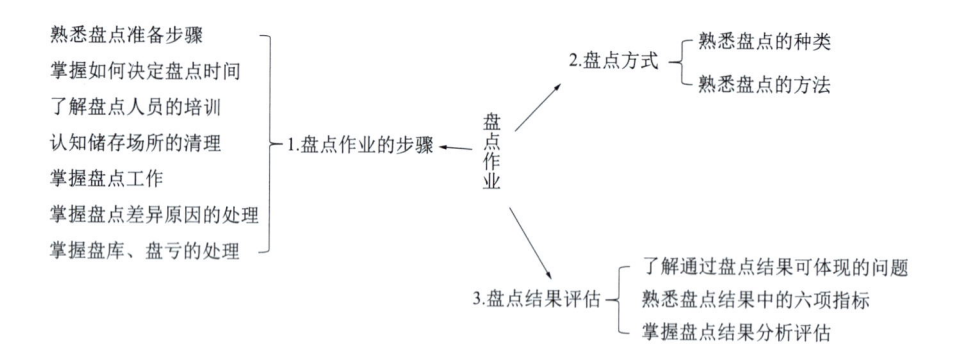

```
                                                      ┌─ 熟悉盘点的种类
                                          2.盘点方式 ─┤
  熟悉盘点准备步骤 ┐                       ↗           └─ 熟悉盘点的方法
  掌握如何决定盘点时间│                    ↗
  了解盘点人员的培训 │                  盘
  认知储存场所的清理 ├─ 1.盘点作业的步骤─ 点
  掌握盘点工作       │                  作
  掌握盘点差异原因的处理│                业
  掌握盘库、盘亏的处理┘                    ↘           ┌─ 了解通过盘点结果可体现的问题
                                          3.盘点结果评估─┤ 熟悉盘点结果中的六项指标
                                                         └─ 掌握盘点结果分析评估
```

学习情境 1　盘点作业的步骤

知识点：盘点作业的步骤。

关键技能点：熟悉盘点作业的每个步骤。

工作任务 1：熟悉盘点作业的步骤。

☞ 知识窗：

盘点作业的事先准备工作是否充分，关系盘点作业进行的顺利程度。为了使盘点在短暂的时间内，利用有限的人力达到迅速准确的目标，事先的准备工作内容如下：

（1）明确建立盘点的程序方法。因盘点场合、需求的不同，盘点的方法也有差异，为防止不同状况的产生，必须明确盘点的方法，以便盘点时不致混淆。

（2）配合会计进行盘点。

（3）盘点、复盘、监盘人员必须经过训练。

（4）经过训练的人员必须熟悉盘点用的表单。

（5）盘点用的表格必须事先印制完成。
（6）库存资料必须确实结清。

工作任务2：掌握如何决定盘点时间。

☞ 知识窗1：

一般性物品就货账相符的目标而言盘点次数越多越好，但每次实施盘点必须投入人力、物力、财力，这些成本耗资不小，因此也很难经常开展。事实上，导致盘点误差的关键主因是出入库的过程，可能是因出入库作业传票的输入、检查点数的错误，或是出入库搬运造成的损失，因此一旦出入库作业次数多时，误差也会随之增加。所以，以一般生产厂而言，因其物品流动速度不快，半年至一年实施一次盘点即可。

☞ 知识窗2：

在物流中心物品流动速度较快的情况下，既要防止过多盘点对公司造成的损失，但又碍于可用资源的限制，因而最好能视物流中心各物品的性质制定不同的盘点时间。例如，在建立了物品类别ABC管理的公司，我们建议：A类主要物品，每天或每周盘点一次；B类物品，每两三周盘点一次；C类较不重要物品，每月盘点一次即可。

☞ 知识窗3：

在未实施物品类别ABC管理的公司，至少也应对较容易损耗毁坏及高单价的物品增加盘点次数。另外要注意的是，当实施盘点作业时，时间应尽可能缩短，以2~3日内完成较好。至于选择的日期一般会选择在：

（1）财务决算前夕——因便利决算损益以及表达财务状况。
（2）淡季进行——因淡季存货量少盘点容易，人力的损失相对降低，且调动人力较便利。

工作任务3：了解盘点人员的培训。

☞ 知识窗：

为使盘点工作得以顺利进行，盘点时必须增派人员协助进行，至于由各部门增援的人员必须组织化并且施以短期训练，使每位参与盘点的人员能发挥其功能。人员的培训分为两部分：

（1）针对所有人员进行盘点方法训练，其中对盘点的原则、程序、表格的填写必须充分了解，工作才能得心应手。
（2）针对复盘与监盘人员进行认识物品的培训。因为复盘与监盘人员对物品大多数并不熟悉，故而应加强物品的认识，以利盘点工作进行。

工作任务4：认知储存场所的清理。

☞ 知识窗：

（1）在盘点前，对供应商交来的物料必须明确其所有数，若已验收完成属物流法是指在期末一起清点所有物品数量的方法，而循环盘点法则是在每天、每周即做少种少量的盘点，到了月末或期末每项物品至少完成一次盘点的方法。

知识窗 2-1：期末盘点法

由于期末盘点法是将所有物品一次盘完，因而必须全体员工出动，采取分组的方式进行盘点。一般来说，每组盘点人员至少要 3 人，以便能互相核对减少错误，同时也能彼此牵制避免弊端。

知识窗 2-2：循环盘点法

（1）循环盘点法即将每天或每周当作一个周期来盘点，其目的除减少过多的损失外，对于不同物品进行不同管理也是主要原因，就如同前述 ABC 库存分类法的做法，价格越高或越重要的物品，盘点次数越多，价格越低越不重要的物品，就尽量减少盘点次数。循环盘点法因为一次只进行少量盘点，因而只需专门人员负责即可，无须动用全体人员。循环盘点法最常用的单据为现品卡，其使用方式为每次出入库一面查看出入库传票，一面把出入库年月、出入库数量、传票编号、库存量登记在现品卡上。

（2）使用现品卡的主要目的在于：使作业者对出入库数量及库存量有具体的数字认知；可协调进行出入库的分配管理，并在错误发生时能立即调查；随时掌握库存品的流动性及库存量控制的情况。

（3）然而关于现品卡的必要与否持有不同观点。一般如果不采用现品卡，就要以单纯点数核对的方式进行循环盘点。而若使用现品卡，除在每一次物品出入库都要予以记载外，对于在盘点时的点数核对工作也较详细，虽做法较麻烦，但对盘点差异原因的追溯却较为快速、正确。

知识窗 2-3：期末盘点法和循环盘点法的差异

我们将期末盘点法和循环盘点法的差异整理于表 1-18 中。企业应该以本身情况选择较适用的盘点方式，但大体而言，循环盘点法较能针对各物品需要做适时管理，且易收盘点成效。事实上，有些企业是将两种盘点法同时并用，平时针对重要物品做循环盘点，而至期末再将所有物品做一期末大盘点，如此不仅循环盘点的误差能渐渐减少，就算是期末的大盘点，其误差率也因循环盘点法的配合进行而大幅降低，同时期末盘点法所需时间也因平时循环盘点法的整理与管理改善而缩短许多。

表 1-18 期末盘点法和循环盘点法的差异

项目	期末盘点法	循环盘点法
时间	期末、每年仅数次	平常、每天或每周一次
所需时间	长	短
所需人员	全体动员（或临时雇用）	专门人员
盘差情况	多且发现得晚	少且发现得早
对营运的影响	须停止作业数天	无
对品项的管理	平等	A 类重要物品：仔细管理 C 类不重要物品：稍微管理
盘差原因追究	不易	容易

学习情境3　盘点结果评估

知识点：盘点结果的六项指标、可了解的问题。
关键技能点：通过对盘点结果的思考，评估检查库存状况。

工作任务1：了解通过盘点结果可体现的问题。

☞ 知识窗：

人的能力

进行盘点的目的主要就是希望能依靠由盘点来检查如今物品的出入库及保管状况。凭借盘点结果可了解的问题主要有以下五点：

（1）在这次盘点中，实际存量与账面存量的差异是多少？
（2）这些差异是发生于哪些品项？
（3）平均每一差异量对公司损益造成多大影响？
（4）每次循环盘点中，有几次确实存在误差？
（5）平均每品项发生误差的次数是多少？

工作任务2：熟悉盘点结果中的六项指标。

☞ 知识窗：

（1）盘点数量误差 = 实际库存 - 账面库存……………………………………（a）
（2）盘点数量误差率 = 盘点数量误差/实际库存数……………………………（b）
（3）盘点品项误差率 = 盘点品项误差数/盘点实际品项数…………………（c）
（4）平均每件盘差品金额 = 盘差误差金额/盘差总件数……………………（d）
（5）盘差次数比率 = 盘点误差次数/盘点执行次数…………………………（e）
（6）平均每品项盘差次数比率 = 盘差次数/盘差品项数……………………（f）

工作任务3：掌握盘点结果分析评估。

☞ 知识窗1：若（b）高、（c）低时说明什么问题？二者相反时说明什么问题？

当盘点数量误差率高，但盘点品项误差率低时，表示虽发生误差的物品品项减少，但每一发生误差品项的数量却有提高的趋势。此时应检查负责这些品项的人员有无尽责，以及这些物品的置放区域是否得当，有无必要加强管理。相反地，当盘点数量误差率低，但盘点品项误差率高时，表示虽然整个盘点误差量有下降趋势，但发生误差的物品品项却增多。发生误差的品项太多将使后续的更新修改工作更为麻烦，且可能影响出货速度，因此亦需对此现象加强管理。

☞ 知识窗2：若（d）高，说明什么问题？

若此指标高，表示高价位产品的误差发生率较大，可能是公司未实施物品重点管理的结果，对公司营运将造成很不利的影响，因此最好的改善方式是施行商品ABC库存分类管理。

☞ **知识窗3：若（f）高，说明什么问题？**

若此指标高，表示盘点发生误差的情况大多集中在相同的品项，此时对这些品项有必要提高警觉，且确实深入寻找导致问题产生的原因。

实训场景3
任务实训

实训场景 4
订单处理作业

【学习目标】

【知识目标】了解和理解订单处理的合理化。
【技能目标】掌握订单处理的一般作业流程。
【素养目标】培养学生统筹规划的全局观念和共赢理念，坚守诚实守信，树立服务群众的职业道德。

【思维导图】

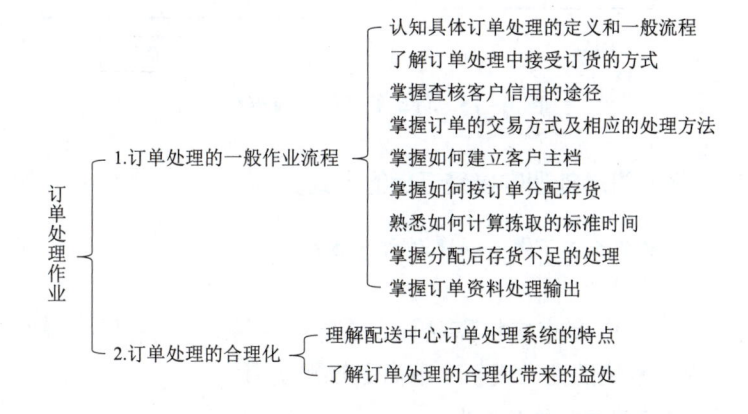

```
                         ┌─ 认知具体订单处理的定义和一般流程
                         ├─ 了解订单处理中接受订货的方式
                         ├─ 掌握查核客户信用的途径
          1.订单处理的    ├─ 掌握订单的交易方式及相应的处理方法
订单      ─┤ 一般作业流程  ├─ 掌握如何建立客户主档
处理       │              ├─ 掌握如何按订单分配存货
作业       │              ├─ 熟悉如何计算拣取的标准时间
           │              ├─ 掌握分配后存货不足的处理
           │              └─ 掌握订单资料处理输出
           │
           └ 2.订单处理的 ┬─ 理解配送中心订单处理系统的特点
              合理化      └─ 了解订单处理的合理化带来的益处
```

学习情境 1　订单处理的一般作业流程

知识点：订单处理作业流程中的工作环节。
关键技能点：熟悉订单处理的一般作业流程的环节及其处理方式。

工作任务 1：认知具体订单处理的定义和一般流程。

☞ 知识窗：

从接到客户订货开始到准备出货之间的作业阶段，称为订单处理，这一阶段包括订单确认、存货查询、库存分配和出货配送等。订单处理是与客户直接沟通的作业阶段，对后续的拣选作业、调度和配送产生直接的影响。订单处理有人工处理和计算机处理两种形式，目前主要是电子订货。电子订货借助电子订货系统，采用电子资料交换方式取代传统的订单、接单方式。订单处理的一般流程如图 1-18 所示。

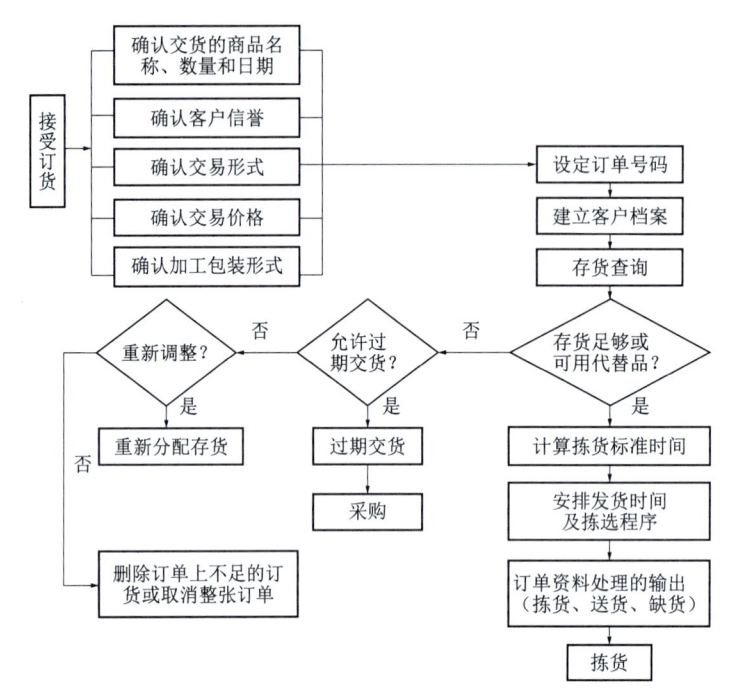

图 1-18 订单处理的一般流程

工作任务 2：了解订单处理中接受订货的方式。

☞ 知识窗 1：传统的人工下单、接单的订货方式

知识窗 1-1：厂商补货

这种订货方式指供应商直接将商品放在车上，一家一家去送货，缺多少补多少。这种方式对于周转率较快的商品或新上市商品较常使用。

知识窗 1-2：厂商巡货、隔日送货

这种订货方式指供应商派巡货人员前一天先至各客户处寻找需补充的商品，隔天再予以补货。此方式的优点是供应商可利用巡货人员为店铺整理货架、贴标签或提供经营管理意见、市场信息等，亦可促销新品或将自己的商品放在最占优势的货架上。此种方式的缺点是供应商可能会将巡货人员的成本加入商品的进价中，而且供应商乱放货将造成零售业者难以管理、分析自己所卖的商品。

知识窗 1-3：电话口头订货

订货人员将商品名称及数量，以电话口述的方式向供应商订货。但因客户每天订货的品项可能达数十项，而且这些商品常需由不同的供应商供货，因此利用电话口头订货所费时间太长，且错误率高。

知识窗 1-4：传真订货

客户将缺货资料整理成书面资料，利用传真机传给供应商。利用传真机虽可快速传送订货资料，但其传送资料效果不好，常增加事后确认作业。

知识窗 1-5：邮寄订单

客户将订货表单或订货磁片、磁带邮寄给供应商，近年来的邮寄效率及品质已不

符合所需。

知识窗1-6：客户自行取货

客户自行到供应商处看货、补货。此种方式多为传统杂货店因地缘近所采用。客户自行取货虽可省却物流中心配送作业，但个别取货可能影响物流作业的连贯性。

知识窗1-7：业务员跑单接单

业务员至各客户处推销产品，而后将订单携回或紧急时以电话先联络公司通知客户订单。

不管利用何种方式订货，上述这些订货方式皆需人工输入资料，而且经常重复输入、传票重复誊写，并且在输入输出间常造成时间耽误及发生错误，这些都是无谓的浪费。尤其现今客户更趋高频度的订货，且要求快速配送，传统订货方式已无法应对需求，这使得新的订货方式——电子订货应运而生。

☞ *知识窗2：电脑直接送收订货资料的电子订货方式*

电子订货，顾名思义，即由电子传递方式取代传统人工书写、输入、传送的订货方式，也就是将订货资料转为电子资料形式，借由通信网络传送，此系统即称电子自动订货系统（Electronic Order System，EOS），它是采用电子资料交换方式取代传统商业下单、接单动作的自动化订货系统。电子订货方式可分为以下三种：

知识窗2-1：订货簿或货架标签配合手持终端机（Handy Terminal，HT）及扫描器

订货人员携带订货簿及扫描器巡视货架，若发现商品缺货则用扫描器扫描订货簿或货架上的商品标签，再输入订货数量，当所有订货资料皆输入完毕后，利用数据机将订货资料传给总公司或供应商。

知识窗2-2：销售时点管理系统（Point of Sale，POS）

客户如有POS收银机则可在商品库存档里设定安全存量，每当销售一笔商品时，电脑自动扣除该商品库存，当库存低于安全存量时，即自动产生订货资料，将此订货资料确认后即可通过电信网络传给总公司或供应商。亦有客户将每日的POS资料传给总公司，总公司将POS销售资料与库存资料比对后，根据采购计划向供应商下单。

知识窗2-3：订货应用系统

客户信息系统里若有订单处理系统，可将应用系统产生的订货资料，经由转换软件转成与供应商约定的共通格式，在约定时间里将资料传送出去。

一般而言，通过电脑直接连线的方式最快，也最准确，而借邮寄、电话或销售员携回的方式较慢。由于订单传递时间是订货前置时间内的一个因素，可经由存货水准的调整来影响客户服务及存货成本，因而传递速度快、可靠性及正确性高的订单处理方式，不仅可大幅提升客户服务水准，对于存货相关的成本费用亦能有效地缩减。但是，通过电脑直接传递往往较为昂贵，因而究竟要选择哪一种订单传递方式，应在比较成本与效益的差异后决定。

工作任务3：掌握查核客户信用的途径。

☞ *知识窗：*

不论订单是由何种方式传至公司，配销系统的第一步骤即要查核客户的财务状况，以确定其是否有能力支付该订单的款额，其做法多是检查客户的应收账款是否已超过其信用额度。因而接单系统中应设计下述两条途径来查核客户信用的状况：

1. 客户代号或客户名称输入

当输入客户代号或名称资料后，系统即复核客户的信用状况。若客户应收款额已超过其信用额度时，系统加以警示，输入人员决定是否继续输入其订货资料或决定拒绝其订货。

2. 订购品项资料输入

当客户此次的订购金额加上以前累计的应收款额超过信用额度时，系统将此笔订单资料锁定，以便主管审核，审核通过，此笔订单资料才能进入下一个处理步骤。

工作任务4：掌握订单的交易方式及相应的处理方法。

☞ 知识窗：

物流中心虽有整合传统批发商的功能以及有效率的物流、信息处理功能，但在面对众多的交易对象时，似乎仍需因客户的不同需求而有不同的做法，这反映在接受订货业务上，可看出其具有多种的订单交易形态，即物流中心因不同的客户或不同的商品有不同的交易及处理方式。订单交易形态及相应处理方式如表1-19所示。

表1-19 订单交易形态及相应处理方式

订单类别	交易形态	处理方式
一般交易订单	正常、一般的交易订单，接单后按正常的作业程序拣货、出货、配送、收款结案的订单	接单后，将资料输入订单处理系统，按正常的订单处理程序处理，资料处理完后进行拣货、出货、配送、收款结案等作业
现销式交易订单	与客户当场直接交易、直接给货的交易订单。如业务员到客户处巡视物品、铺销所得的交易订单或客户直接至物流中心取货的交易订单	订单资料输入后，因物品已交予客户，故订单资料不需要再参与拣货、出货、配送等作业，只需要记录交易资料，以便收取应收款项
间接交易订单	客户向物流中心订货，但由供应商直接配送给客户的交易订单	接单后，将客户的出货资料传给供应商由其代配。此方式需要注意客户的送货单是自行制作或委托供应商制作的，出货资料（送货单回联）应核对确认
合约式交易订单	与客户签订配送契约的交易，如签订某期间内定时配送某数量商品	约定的送货日来临时，需将该配送资料输入系统处理以便出货配送；或一开始便输入合约内容的订货资料并设定各批次送货时间，以便在约定日期来临时系统自动产生需要送货的订单资料
寄存式交易	客户因促销、降价等市场因素而先行订购某商品，往后视需要再要求出货的交易	当客户要求配送寄存商品时，系统应检查客户是否确实有此项寄存商品，若有，则出此项商品，并且扣除此项商品的寄存量。注意此项商品的交易价格是依据客户当初订购时的单价计算

续表

订单类别	交易形态	处理方式
兑换券交易	客户兑换券所兑换商品的配送出货	将客户兑换券所兑换的商品配送给客户时，系统应查核客户是否有此兑换券回收资料，若有，依据兑换券兑换的商品及兑换条件予以出货，并应扣除客户的兑换券回收资料

工作任务5：掌握如何建立客户主档。

☞ 知识窗：

掌握客户状况并详细加以记录，不但能让此次交易顺利进行，而且有益于增加往后合作的机会。客户主档应包含订单处理需用到的及与物流作业相关的资料：

（1）客户姓名、代号、等级形态（产业交易性质）。

（2）客户信用额度。

（3）客户销售付款及折扣率的条件。

（4）开发或负责此客户的业务员。

（5）客户配送区域。

（6）客户收账地址。

（7）客户点配送路径顺序。应根据区域、街道、客户点位置，给客户点分配适当的配送路径顺序。

（8）客户点适合的车辆类型。往往客户所在地点的街道有车辆大小的限制，因而须将适合该客户点的车辆类型建于资料中。

（9）客户点下货地的特性。即客户所在地点或客户下货位置，由于建筑物本身或周围环境特性（如地下室有限高或高楼层），可能造成下货时有不同的需求及难易程度，在车辆及工具的调度上须加以考察。

（10）客户配送要求。客户对于送货时间有特定要求或有协助上架、贴标等要求亦应将其建于资料中。

（11）过期订单处理指示。若客户能统一决定每次延迟订单的处理方式，则可事先将其写入资料档案以省去临时来询问或紧急处理时的不便。

工作任务6：掌握如何按订单分配存货。

☞ 知识窗1：存货查询

确认有效存货是否能够满足客户需求，通常称为事先拣货。存货的资料一般包括品项名称、SKU号码（SKU，基本上是三个概念：品项、编码、单位。全称为Stock Keeping Unit，最小存货单位，即库存进出计量的基本单元，以件、盒、托盘等为单位）、产品描述、库存量、已分配存货、有效存货及期望进货时间。输入客户订购商品的名称、代号时，系统即查对存货相关资料，看此商品是否缺货。若缺货，则提供商品资料或此缺货商品的已采购未入库信息，便于接单人员与客户协调是否改订替代品或允许延后出货，以提高人员的接单率及接单处理效率。

☞ 知识窗2：分配存货

订单资料输入系统确认无误后，最主要的处理作业是如何将大量的订货资料，做最有效的汇总分类、调拨库存，以便后续的物流作业能有效地进行。存货的分配模式可分为单一订单分配及批次分配两种。

知识窗2-1：单一订单分配

此种情形多为在线即时分配，即在输入订单资料时，就将存货分配给该订单。

知识窗2-2：批次分配

此种分配指累积汇总数笔已输入订单资料后，再一次分配库存。物流中心因订单数量多、客户类型等级多，且多为每天固定配送次数，因此通常采取批次分配以确保库存能做最佳的分配。批次分配时，要注意订单的分批原则，即批次的划分方法。作业地不同，各物流中心的分批原则可能不同，如表1-20所示。

表1-20 批次划分原则与处理方法

批次划分原则	处理方法
按接单时序	将整个接单时段划分成几个区段，若一天有多个配送梯次，可配合配送梯次，将订单按接单先后分为几个批次处理
按配送区域路径	将同一配送区域路径的订单汇总一起处理
按流通加工需求	将需加工处理或有相同流通加工处理的订单汇总一起处理
按车辆需求	若配送商品需特殊的配送车辆（如低温车、冷冻车、冷藏车）或客户所在地、送货特性需特殊形态的车辆可汇总合并处理

然而，以批次分配选定参与分配的订单后，若这些订单的某商品总出货量大于可分配的库存量，可依照表1-21所列原则来决定有限库存的条件下客户订购的优先性。

表1-21 有限库存的条件下客户订购的优先性

优先分配原则	说明
具特殊优先权者先分配	对于一些例外的订单，如缺货补货订单、延迟交货订单、紧急订单或远期订单，这些在前次即应交货的订单，或客户提前预约的订单，或紧急的订单，应有优先取得存货的权利。因此当存货已补充或交货期限到时，应确定这些订单的优先分配权
依客户等级来取舍	将客户重要性程度高的做优先分配
依订单交易量或交易金额来取舍	将对公司贡献大的订单做优先分配
依客户信用状况	将信用较好的客户订单做优先分配
依系统自定义	依系统自定义做优先分配

工作任务7：熟悉如何计算拣取的标准时间。

☞ 知识窗：

由于要有计划地安排出货时间，因而对于每一个订单或每批订单可能花费的拣取时间应事先掌握，对此即要计算订单拣取的标准时间。

第一阶段：首先计算每一单元（一栈板、一纸箱、一件）的拣取标准时间，且将之设定于电脑记录标准时间档，将此个别单元的拣取时间记录下来，则不论数量多少，都很容易推导出整个标准时间。

第二阶段：有了单元拣取标准时间后，即可依每品项订购数量，再配合每品项的寻找时间来计算出每品项拣取的标准时间。

第三阶段：最后根据每一个订单或每批订单的订物品项及考虑一些纸上作业的时间，算出整张或整批订单的拣取标准时间。

工作任务8：掌握分配后存货不足的处理。

☞ 知识窗1：依客户意愿而言

（1）客户不允许过期交货，则删除订单上不足额的订货，甚或取消订单。
（2）客户允许不足额的订货，等待有货时再予以补送。
（3）客户允许不足额的订货，留待下一次订单一起配送。
（4）客户希望所有订货一起送达。

☞ 知识窗2：依公司政策而言

一些公司允许过期分批补货，但一些公司因为分批出货的额外成本不愿意分批补货，则可能宁愿客户取消订单，或要求客户延后交货日期。

☞ 知识窗3：缺货订单的处理方式（见表1-22）

表1-22　缺货订单的处理方式

缺货订单的处理方式	说明
重新调拨	若客户不允许过期交货，而公司也不愿失去此客户订单时，则有必要重新调拨分配订单
补送	1. 若客户允许不足额的订货等待有货时再予以补送，且公司政策也允许，则采用补送方式； 2. 若客户允许不足额的订货或整张订单留待下一次订单一起配送，则亦采用补送处理； 但需注意，对这些待补送的缺货品项需先记录成档
删除不足额订单	1. 若客户允许不足额订单可等待有货时再予以补送，但公司政策并不希望分批出货，则只好删除不足额订单； 2. 若客户不允许过期交货，且公司也无法重新调拨，则可考虑删除不足额订单
延迟交货	1. 有时限延迟交货：客户允许一段时间过期交货，且希望所有订单一起配送； 2. 无时限延迟交货：不论须等多久客户皆允许过期交货，且希望所有订货一起送达，则等待所有订货到达再出货； 3. 对于此种将整张订单延后配送，亦需将这些顺延的订单记录成档
取消订单	若客户希望所有订单一次配达，且不允许过期交货，而公司也无法重新调拨时，则只有将整张订单取消

工作任务9：掌握订单资料处理输出。

☞ *知识窗1：拣货单（出库单）*

（1）拣货单，可以提供商品出库指示资料，作为拣货依据。拣货单的形式要配合物流中心的拣货策略及拣货作业方式来加以设计，以提供详细且有效率的拣货单，便于拣货进行。

（2）拣货单打印前，应考虑商品的储位，要依据储位前后相关顺序等因素，以减少人员重复往返取货，同时拣货的数量、单位也需详细且准确标示。随着拣货、储存设备的自动化，传统的拣货单形式已不符合要求，利用电脑、通信等方式处理和显示拣货单的方式已取代部分传统的拣货表单，如利用电脑辅助拣货的拣货棚架、拣货台车以及自动存取的 AS/RS。采用这些自动化设备进行拣货作业，需注意拣货单的格式与设备显示器的配合以及系统与设备间的资料传送及回单处理。

☞ *知识窗2：送货单*

物品配送时，通常需附上送货单给客户清点签收。因为送货单主要是给客户签收、确认出货资料，所以其正确性及明确性很重要。要确保送货单上的资料与实际送货资料相符。除出货前的清点外，送货单的打印时间及修改也须注意。

知识窗2-1：单据打印时间

最能保证送货单上的资料与实际出货资料一样的方法是：在出车前，一切清点事宜都完毕，而且不符合的资料也在电脑上修改完毕，再打印出货单。但此时再打印出货单，常因单据数量多耗费许多时间，影响出车时间。若提早打印，则对于拣货、分类作业后发现实际存货不足，或客户临时更改订单等原因，造成原出货单上的资料与实际不符时，须重新打印送货单。

知识窗2-2：送货单内容

送货单上的信息除基本的出货信息外，对于一些订单异动情形，如缺货品项或缺货数量等亦须打印注明。

☞ *知识窗3：缺货资料*

库存分配后，对于缺货的商品（提供依照商品的品别或供应商类别查询的缺货商品资料，以提醒采购人员紧急采购）或缺货的订单资料（提供依客户类别或外务员类别查询的缺货订单资料，以便人员处理），系统会提供查询或报表打印功能，以便人员处理。

学习情境2　订单处理的合理化

知识点：配送中心订单处理系统的特点和合理化。

关键技能点：了解订单处理的合理化带来的益处。

工作任务 1：理解配送中心订单处理系统的特点。

☞ 知识窗 1：配送中心订单处理系统是配送中心物流作业组织的开端和核心

通常一个配送中心的各个用户都要在规定时点以前将订货单或要货单通知给配送中心，然后配送中心再将这些订单汇总，并以此来进一步确定需要配送物品的种类、数量以及配送时间。确定了这些数据以后，配送中心的其他子系统就可以开始工作了。如补货系统根据发出物品的种类和数量确定需要补充的物品种类和数量，并组织采购；理货系统接到经订单处理系统确认和分配好的输出订单后，就可以开始拣货、配货了；理货系统任务完成后，输配送系统接下来进行物品的输送工作等。所以订单处理系统是配送中心物流作业组织的开端，是其他子系统开展工作的依据，订单处理系统工作效率的高低将直接影响其他后续子系统的工作。

另外，随着竞争的加剧，目前顾客需求被看作配送中心整个物流流程的主要推动力量，订单管理部门提供的关于商品传递的速度和准确性信息，以及订单信息都将影响配送中心竞争优势的形成，因此订单处理系统在配送中心的地位越来越重要，并日益成为配送中心的核心作业子系统。

☞ 知识窗 2：配送中心订单处理系统的作业范围超越了配送中心的内部作业范围

与其他功能子系统相比，配送中心订单处理系统的作业是配送中心与用户之间的互动作业。首先用户要进行订单准备，并将订单传输给配送中心。为了提高订单处理的效率，配送中心需要用户按照规定的时间和格式将订单传输给配送中心；随后配送中心还要进行接单、订单信息输入处理、出货商品的拣货、配送、签收、清款、取款等一连串的数据处理，这些活动都需要用户配合。因此配送中心订单处理系统的作业并不是配送中心单方面的内部系统作业，也不是配送中心单独的内部作业即可完成，而是配送中心与用户双方之间相关系统的一体化活动。这也意味着要提高配送中心订单处理系统的效率和客户服务水平，必须重视与客户的沟通。

☞ 知识窗 3：配送中心订单处理系统的作业活动伴随整个配送活动的全过程

虽然一般认为配送中心订单处理的作业流程始于接单，经由接单所取得的订货信息，经过处理和输出，终止于配送中心出货物流活动，但在这一连串的物流作业里，订单是否有异常变动、订单进度是否如期进行也包括在订单处理范围内。即使配送出货，订单处理也并未结束，在配送时还可能出现一些订单异常变动，如客户拒收、配送错误等，直到将这些异常变动状况处理完毕，确定了实际的配送内容，整个订单处理才算结束。

因此配送中心订单处理系统的订单处理，需要对整个配送活动进行全程跟踪、调整，其处理过程将伴随整个配送活动的全过程。

☞ 知识窗 4：配送中心订单处理系统的电子化要求高

由于配送中心订单处理系统每天要面对大量的用户订单，为了提高订单处理的效率，减少差错，需要提升配送中心订单处理系统的电子化水平。实际上，大多数配送中心订单处理系统都是配送中心电子化程度最高的部分，它们通过采用大量的电子化技术，如电子订货系统、联机输入、计算机自动生成存货分配、订单处理输出数据等，大幅提高了订单处理系统的效率,手工技术在这一领域正逐渐被淘汰。

工作任务2:了解订单处理的合理化带来的益处。

☞ *知识窗:*

配送中心订单处理周期效率的高低,对于配送企业的竞争力和利润有着重要的影响。一个高效的订单处理系统能够给配送中心带来以下益处:

1. 持续降低平均订单周期前置时间

前置时间是指从订单发出到物品到达客户这一段时间。

2. 改善客户关系

有效的订单处理系统可以尽可能迅速地提供必需的客户服务。

3. 降低运作成本

高效的订单处理系统具备快速准确处理数据的能力,因此不仅可以减少订单检查相关成本,而且能够通过和整个配送渠道的联系,有效地降低富余的存货以及运输相关成本。

4. 及时输出发货单和会计账目

有效的订单处理系统能够加快由订单出货形成的应收账目数据的转账,提高企业资金利用率。另外,有效的订单处理系统还可以通过订单出货的改善,降低发货不准确情况的发生。

**实训场景4
任务实训**

实训场景 5
拣货作业

【学习目标】

【知识目标】了解拣货作业的组织方法，认知拣货作业的信息传递方式。

【技能目标】熟悉拣货作业的一般流程、拣货作业合理化。

【素养目标】培养学生民族自豪感和科学思维，养成成本意识、团结协作和创新精神。

【思维导图】

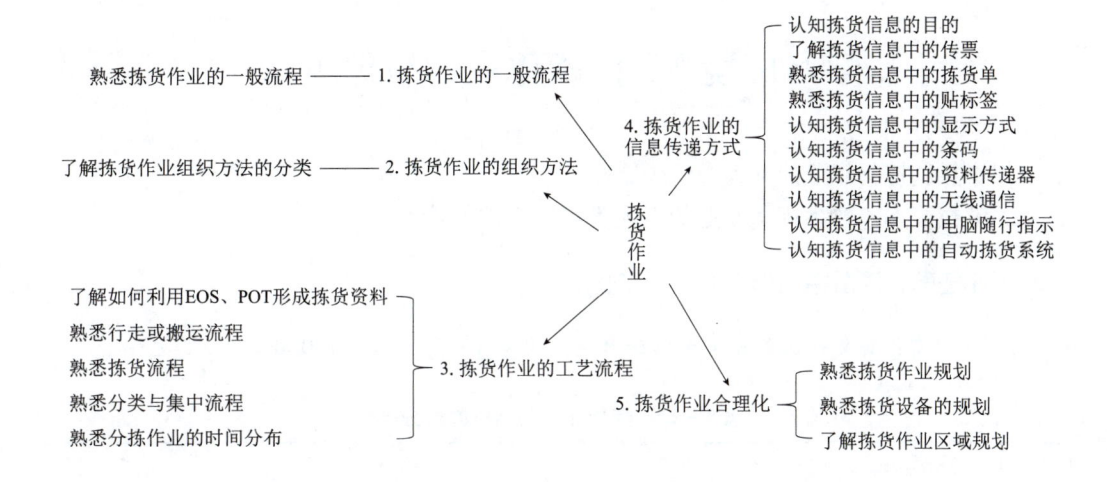

熟悉拣货作业的一般流程 ——— 1. 拣货作业的一般流程

了解拣货作业组织方法的分类 ——— 2. 拣货作业的组织方法

了解如何利用EOS、POT形成拣货资料
熟悉行走或搬运流程
熟悉拣货流程
熟悉分类与集中流程
熟悉分拣作业的时间分布 ——— 3. 拣货作业的工艺流程

拣货作业

4. 拣货作业的信息传递方式
- 认知拣货信息的目的
- 了解拣货信息中的传票
- 熟悉拣货信息中的拣货单
- 熟悉拣货信息中的贴标签
- 认知拣货信息中的显示方式
- 认知拣货信息中的条码
- 认知拣货信息中的资料传递器
- 认知拣货信息中的无线通信
- 认知拣货信息中的电脑随行指示
- 认知拣货信息中的自动拣货系统

5. 拣货作业合理化
- 熟悉拣货作业规划
- 熟悉拣货设备的规划
- 了解拣货作业区域规划

学习情境 1　拣货作业的一般流程

知识点：拣货作业流程中的工作环节。

关键技能点：熟悉拣货作业流程中的工作环节和要求。

工作任务：熟悉拣货作业的一般流程。

☞ 知识窗1：

树立正确的三观

拣货作业是配送作业的中心环节。拣货是依据客户的订货要求或配送中心的作业计划，尽可能迅速、准确地将商品从其储位或其他区域拣取出来的作业过程。拣货作业在配送作业环节中不仅工作量大，工艺复杂，而且要求作业时间短，准确度高，服务质量好。

☞ 知识窗 2：

在拣货作业中，根据配送的业务范围和服务特点，即根据客户订单所反映的商品特性、数量、服务要求、送货区域等信息，采取科学的拣货方式，进行高效的拣货作业，这是配送作业中关键的一环，其流程如图 1-19 所示。

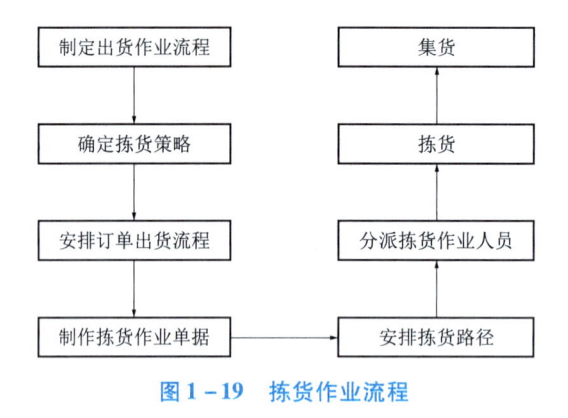

```
制定出货作业流程              集货
      ↓                        ↑
  确定拣货策略                 拣货
      ↓                        ↑
安排订单出货流程           分派拣货作业人员
      ↓                        ↑
 制作拣货作业单据 ——→     安排拣货路径
```

图 1-19　拣货作业流程

学习情境 2　拣货作业的组织方法

知识点：拣货作业的五大类组织方法。

关键技能点：熟悉拣货作业的五大类组织方法的特点。

工作任务：了解拣货作业组织方法的分类。

☞ 知识窗：拣货作业的五大类组织方法（见表 1-23、图 1-20 和图 1-21）

表 1-23　拣货作业的组织方法分类

类型		说明
按订单分拣分类（见图 1-20）	单一分拣法	按客户每张订单进行分拣，再将订单汇总
	批量分拣法	汇总客户的订货进行分拣，之后按不同的客户进行分货，再记录订单（见图 1-21）
	单一分拣法与批量分拣法的组合	按具体的订单进行分拣作业，即一方面是作业人员到货架去取物品的分拣，另一方面是利用旋转货架将物品自动地旋转到作业人员所在处，取出物品的分拣
按作业程序分类	一人分拣法（单一分拣法）	一个人配货，按照一张订单要求的物品进行分拣
	分程传递法	数人分拣，首先决定各人所分担物品种类和货架的范围，分拣货单中仅由自己所承担的物品品种，再分程传递或转交下一个分拣人员

续表

类型		说明
按作业程序分类	区间分拣法	和分程传递法相同，一个人或数人分拣，首先决定各人所分担的物品种类和货架范围，从分拣货单中分拣自己所承担的物品品种，再将各区间分拣的物品汇总起来
	分类分拣法	将形状、外形尺寸、质量等不同的物品进行分类，在配送中心内进行保管，按每一个产品类进行分拣
按作业方法分类	播种式分拣法	每张订单准备一个分拣箱置于分货场，然后作业人员取来物品，按每个订单所需数量投入分拣箱，同种物品数量多的订单，分拣效率高；一般是"一品一单"，其特征是：品种少，数量多，易于搬动
	摘果式分拣法	像从树上摘取水果那样，作业人员将每张订单的物品从货架上取走，同单一分拣的方法大致相同；一般是"一户一单"，其特征是：品种多，数量少，会重复走不必要的来回路，从而浪费时间
	总量分拣法	将一天（或半天）的复数订单物品由作业人员汇总起来进行分拣，然后将不同订单的物品分开作业。品种数量多，分拣时由复数作业人员进行
	配合分拣法（批量分拣法）	将批量分拣的物品分给各客户称为配合分拣法。批量分拣的物品用高速自动分类运输机分给各个客户时，也可以使用播种式分拣法
按出库类型分类		以托盘为单位
		以货箱为单位
		以托盘、货箱的组合为单位
按技术含量分类	人工法	
	自动式分拣	配送中心接到客户的订单后，随即发出配货、发送的指示，自动分拣系统在最短的时间内从庞大的货架储存系统中准确找到要出库物品的储位，按照订单上的需求，从不同的储位取出不同数量的物品，搬运到理货区或发货区进行配货并准备装车送达

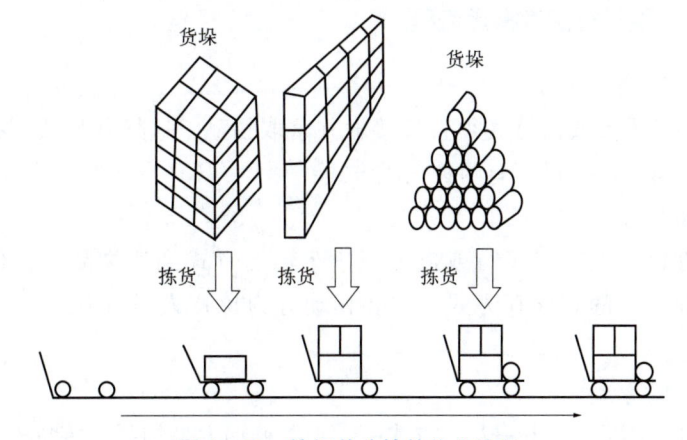

图1-20 按订单分拣的作业流程

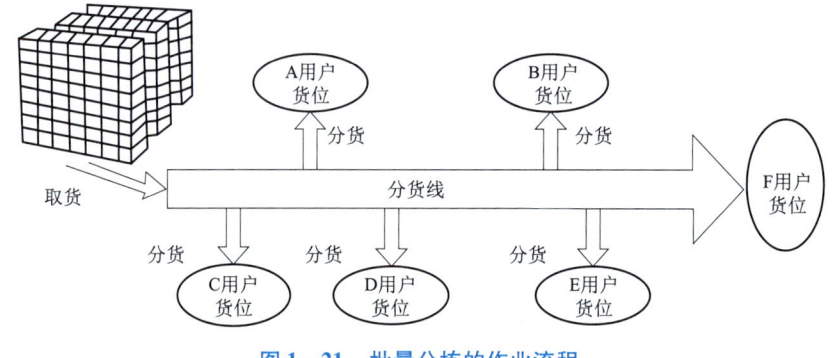

图1-21 批量分拣的作业流程

学习情境3 拣货作业的工艺流程

知识点：拣货作业的工艺流程。
关键技能点：熟悉拣货作业工艺流程不同的特点。

工作任务1：了解如何利用 EOS、POT 形成拣货资料。

☞ 知识窗：

拣货作业开始前，指示拣货作业的单据或信息必须先行处理完成。虽然一些配送中心直接利用客户订单或公司交货单作为拣货指示，但因此类传票容易在拣货过程中受到污损而产生错误，无法正常指示产品储位，所以大多数拣货方式仍需将原始传票转换成拣货单或电子信号，使拣货人员或自动拣取设备进行更有效的拣货作业。但这种转换仍是拣货作业中的一大瓶颈。因此，如何利用电子自动订货系统（EOS）、便携式订购终端（Portable Ordering Terminal，POT）直接将订货信息通过电脑快速及时地转换成拣货单或电子信号，是配送中心未来发展的重要研究课题。

工作任务2：熟悉行走或搬运流程。

☞ 知识窗1：

拣货时，拣货人员或机器必须直接接触并拿取物品，这样就形成了拣货过程中的行走与物品的搬运。这一过程有两种完成方式：

1. "人—物"方式

这种方式即拣货人员以步行或搭乘拣货车辆的方式到达物品储存位置。这一方式的特点是物品处于静态储存方式，主要移动方为拣货人员（拣取机器人也属于拣货人员）。

2. "物—人"方式

和第一种方式相反，"物—人"方式中，主要移动方是物品，拣货人员在固定位置作业，不必去寻找物品的储存位置。这种方式的特点是物品保持动态的储存方式，如轻负载自动仓储、旋转自动仓储等。

工作任务3：熟悉拣货流程。

☞ 知识窗：

当物品出现在拣货人员面前时，一般采取的两个动作为拣取与确认。拣取是抓取物品的动作，确认则是确定所拣取的物品、数量是否与指示拣货的信息相同。在实际的作业中多采用读取品名与拣货单据作对比的确认方式，较先进的做法是利用无线传输终端机读取条码后，再由电脑进行确认。通常对小体积、小批量、搬运质量在人力范围内且出货频率不是特别高的物品，采取手工方式拣取；对体积大、质量大的物品，利用升降叉车等搬运机械辅助作业；对于出货频率很高的物品则采用自动分拣系统进行拣货。

工作任务4：熟悉分类与集中流程。

☞ 知识窗：

配送中心收到多个客户的订单后，可以批量拣取。拣取完毕后再根据不同的客户或送货路线分类集中，有些需要进行流通加工的商品还需根据加工方法进行分类，加工完后再按一定方式分类出货。分货过程中多品种分货的工艺过程较复杂，难度也大，容易发生错误，它必须在统筹安排、形成规模效应的基础上，提高作业的精确性。在物品体积小、质量轻的情况下，可以采取人力分货或机械辅助作业的方式，还可利用自动分货机将拣取出来的物品进行分类与集中。分类完成后，物品经过查对、包装便可以出货、装运、送货了。分货过程如图1-22所示。

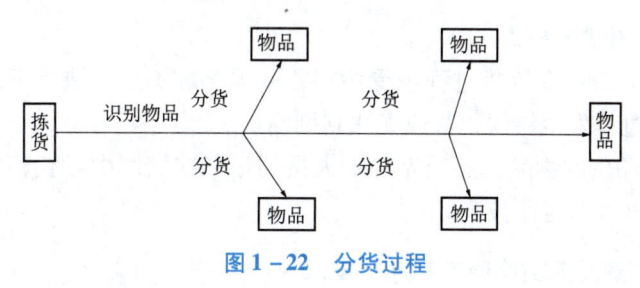

图1-22 分货过程

工作任务5：熟悉分拣作业的时间分布。

☞ 知识窗：

我们从分拣作业的四个基本过程可以看出，整个拣货作业所消耗的时间主要包括以下四个部分：①订单或进货单经过信息处理，形成拣货指示的时间；②行走或搬运物品的时间；③准确找到物品的储位并确认所拣物品及其数量的时间；④拣取完毕，将物品分类集中的时间。

因此，提高拣货作业效率，主要就在于缩短以上四个作业时间，提高作业速度与作业能力。

学习情境 4　拣货作业的信息传递方式

知识点：拣货作业中的各种拣货信息。
关键技能点：熟悉拣货作业中的无纸化系统传递方式。

工作任务 1：认知拣货信息的目的。

☞ 知识窗：

拣货信息是拣货作业的原动力，主要目的在于指示如何拣货，其资料产生于客户的订单。为了使拣货人员在既定的拣货方式下正确而迅速地完成拣货，拣货信息成为拣货作业规划设计中重要的一环。目前主要使用单据、电脑、条码及一些自动传输的无纸化系统等传递方式来支援拣货系统。

工作任务 2：了解拣货信息中的传票。

☞ 知识窗 1：传票的含义

传票即直接利用客户的订单（分页、复印或影印本）或以公司的交货单来作为拣货指示凭据。

☞ 知识窗 2：传票的优点

传票的优点是不需要利用电脑设备处理拣货信息。它适用于订购品项数较少或小量订单的情况。

☞ 知识窗 3：传票的缺点

（1）此类传票容易在拣货过程中受污损，或因存货不足、缺货等注记直接写在传票上，导致作业过程发生错误，甚或无法判别确认。

（2）未标示储位的物品，必须靠拣货人员的记忆在储区中寻找存货位置，造成许多无谓的搜寻时间及行走距离。

工作任务 3：熟悉拣货信息中的拣货单。

☞ 知识窗 1：拣货单的含义

将原始的客户订单输入电脑后进行拣货信息处理再打印出来，就得到拣货单。

☞ 知识窗 2：拣货单的优点

（1）避免传票在拣取过程中受污损。此外，在拣取后的检品过程中再使用原始传票查对时，可修正拣货过程或拣货单打印发生的错误。

（2）产品的储位编号显示在拣货单上，同时可按路径先后次序排列储位编号，引导拣货人员按最短路径拣货。

（3）可充分配合分批、分区、订单分割等拣货策略，提高拣货效率。

☞ 知识窗 3：拣货单的缺点

（1）拣货单处理打印工作耗费人力、时间。

（2）拣货完成后仍要经过检品过程，以确保其正确无误。

工作任务4：熟悉拣货信息中的贴标签。

知识窗1：贴标签的含义

贴标签方式取代了拣货单，由打印机打印出所需拣取物品的名称、位置、价格等信息的标签，数量等于拣取量，在拣取的同时贴标签于物品上，以作为确认数量的方式。在标签贴于物品的同时，物品与信息立即同步一致，所以拣货的数量不会产生错误。在标签上，不仅打印出物品名称及料架位置，而且连条码也一起打印出，利用扫描器来读取物品上的条码，即使同一产品而交货供应商不同时也能有所区分，且该物品的追踪调查也能进行。

知识窗2：贴标签的优点

（1）结合拣取与贴标签的动作，缩短整体作业时间。
（2）可落实拣取时即清点即拣取的步骤（如果拣取未完成标签即贴完，或拣取完成但标签却仍有剩，则表示拣取过程可能有错误发生），提高了拣货的正确性。

知识窗3：贴标签的缺点

（1）若要同时打印出价格标签，必须统一下游售卖点的商品价格及标签形式。
（2）价格标签必须贴在单品上，至于单品以上的包装作业则较困难。

工作任务5：认知拣货信息中的显示方式。

知识窗：

显示方式最初用在物品料架上安装灯号来显示出拣货位置，而后发展成在料架上装设液晶显示器，可同时显示出应拣取多少数量的方式，即数位拣取系统。这种方式用在以人手来拣货的场合时，是一种可防止拣货错误，使人员直接反应动作，提高效率的有效方式，不仅在流动棚架可行，在栈板料架及一般物品棚架上也可被使用。在这种方式中，即使在料架上并无显示出拣取数量，而仅用灯号显示拣取位置，也是不错的显示方式。

工作任务6：认知拣货信息中的条码。

知识窗：

现在很多商品都加贴了条码，条码是利用黑白两色条纹的粗细而构成不同的平行线条符号，代替商品货箱的号码数字，贴在商品或货箱的表面，以便让扫描器来阅读，经过电脑解码，将线条符号转成数字号码而由电脑运算。条码主要是作为商品从制造、批发到销售作业过程中自动化管理的符号，能正确、快速掌握商品情报，能提升库存管理精度，削减剩余库存，是一种实现商品管理效率化的有效方法。例如，利用扫描器来读取表示料架位置号码的条码后，什么物品放在何处保管的信息立即能轻易取得，对降低寻找物品时间有很大的帮助。

工作任务 7：认知拣货信息中的资料传递器。

☞ 知识窗：

资料传递器又称为资料携带器、无线电辨识器，其运作方式为：将资料传递器安装在移动设备上，将能接收并发射电波的 ID 卡或标签等信息反应器安装在物品或储位上，当移动设备接近传递器时，传递器立即读取反应器上的信息，通过天线由控制器辨别识读输出，再传至电脑进行控制管理。必要时也可利用此方法将反应器上的信息给予改写。例如把 ID 卡安装在栈板上，而把资料传递器安装在堆高机上，若堆高机一接近该栈板，栈板上的信息即能被堆高机上的传递器迅速读取并传达至电脑。

工作任务 8：认知拣货信息中的无线通信。

☞ 知识窗：

堆高机上承载着无线通信设备，通过该套无线通信设备，把应从哪个料架位置的哪个栈板拣货的信息指示给堆高机上的司机进行了解。另外，也有一种能够答复从堆高机上传来的询问的装置。

工作任务 9：认知拣货信息中的电脑随行指示。

☞ 知识窗：

在堆高机或台车上设置辅助拣货的电脑终端机，拣取前先将拣货资料输入此电脑，拣货人员即可依靠电脑屏幕的指示至正确位置拣取正确物品。

工作任务 10：认知拣货信息中的自动拣货系统。

☞ 知识窗：

拣取的动作由自动机械负责，电子信息输入后自动完成拣货作业，无须人手介入，这是目前拣货设备研究发展的方向。

学习情境 5 拣货作业合理化

知识点：拣货作业的分拣优化、设备规划和区域规划。
关键技能点：掌握分拣优化、设备规划和区域规划方案，使拣货作业合理化。

工作任务 1：熟悉拣货作业规划。

☞ 知识窗 1：分拣优化的概念

分拣配货作业的优化，即实现分拣高效率，就必须采用先进的分拣作业方法和分拣作业的机械化、现代化。如果人工分拣和自动分拣能得到完美结合，实现高效率的分拣更有保证。分拣效率的高低，由处理的订单件数和处理物品品种数、每天的发货品种数、每一个订单的品种数、每一个订单的作业量等来进行判断。除此之外，还与投入作业人员数和中心内的作业场地宽度、允许作业时间等有关，所以应综合评价分析。

☞ 知识窗2：分拣优化的基本思路

按订单分拣需要的时间，分拣的物品从某一货架上取下分拣有下面四种情况：寻找物品的时间、将物品取出来的时间、将分拣的物品搬运到配货区放置在某场所的时间、将多余物品带回去的时间（如果分拣得到了充分的优化，该时间为零）。因此提高分拣效率的基本思路应是尽可能缩短以下三个时间：行走时间、寻找时间、取货时间。取货时间相对于行走时间和寻找时间较长，所以缩短这个时间是重点，分拣也相应更有效率。

自动化立体仓库和旋转货架等物品自动搬运到配货场的时间和上述行走时间相同，这个时间比分拣时间一般都长。按订单分拣有两个关键：选用的机械设备是否适宜（物流设备的选定），使用方法是好还是坏（运用方法、使用方法）。如果能选用性能好的机械设备，工作效果也好；但是，如果设备不适应分拣特性，效益差，就不能使用。

☞ 知识窗3：分拣优化的衡量指标

分拣优化的衡量指标是分拣配货率，即从库存的物品种类中分拣出的种类占库存种类数的百分比，分拣配货率越高，分拣配货效率越好。在机械设备选定时有分拣配货率高的机械设备，也有分拣配货率低的机械设备，例如流动货架与一般货架相比，在分拣配货率较高时选用流动货架。

☞ 知识窗4：分拣优化的做法

知识窗4-1：在分拣配货单上输入货架编号

为了高效率地按订单进行分拣，物品在哪里、是什么物品，必须是任何一位分拣作业人员都能熟知的，最好将商品保管进行"四号定位"，按货位编号进行分拣。其编号如下：每一个货位的编号按"物品区域—货架列数—货架层数—货架分段"的"四位编码"顺序来编排。这是为了每一个区域的分拣作业人员提高分拣的熟练程度和精确度，这种分拣法称为区域分拣。

知识窗4-2：在台架上保管的商品应采用单一分拣

某些物品，特别是一些单品物品，不是存放在货架上，而是平放在台架上保管，这种情况，采用单一分拣效率较高。

知识窗4-3：利用重力式货架提高分拣效率

利用重力式的货架区域分拣，可以使商品补充从早晨到傍晚一直进行。分段分拣时由于利用重力式货架提高了分拣和商品补充的效率。

知识窗4-4：采用数字化分拣

如果采用数字化分拣，除货架编号等出现错误能够防止大幅损失外，还能进一步提高分拣效率。数字化分拣的优点如下：

（1）分段分拣时，利用分拣配货单分拣比一般分拣提高4倍以上的速度。

（2）因为减少商品编号的确认和配货单的错误，所以也减少分拣损失。

（3）对于较大区域内的配送和超市供货的配送中心是普及数字化分拣的中心，采用数字化分拣，成本下降，库内作业机械化的水平提高。

（4）利用旋转式货架分拣，特别是小型商品利用多段式旋转货架分拣商品，不间断地搬运到配货场前，不需走路就能完成分拣，进一步提高了分拣效率。

（5）可将分拣的商品利用运输机送到下一道工序。

（6）可将分拣频率高的商品放在货架的"黄金"区和段。

（7）可将空货箱利用运输机收集起来再次利用。

（8）分拣中遇到缺货，立即用电话等能够即时联系。

（9）可按一般超市、大型超市等不同的业态，或接收订货批量大的连锁经营等不同的客户，分别设立分拣系统。

知识窗4-5：重视分拣信息的利用

利用信息设备作为分拣的支援系统，不仅仅是计算机，还有各种各样的信息设备和方法都可以利用。信息设备在支援分拣的同时，"这些信息"也很容易地被利用到提高分拣效率上，并进行再处理。分拣同接收订货量的作业效率不同。处理信息使其提高有效性，必须关注信息的变化和整理工作。

工作任务2：熟悉拣货设备的规划。

☞ 知识窗1：人至物的拣货设备

人至物的拣货方式是指物品位置固定，拣货人员至物品位置处将物品拣出的作业方式，与其相配合的拣货设备可包含以下几种储存设备和搬运设备：

（1）储存设备：栈板储架、轻型储架、橱柜、流动储架、高层储架、数位显示储架。

（2）搬运设备：无动力台车、动力台车、动力牵引车、堆高机、拣货堆高机、搭乘式存取机、无动力输送带、动力输送带、电脑辅助拣货台车。

☞ 知识窗2：物至人的拣货设备

物至人的拣货方式与人至物相反，拣货人员只需要停在固定位置，等待设备将欲取出物品运至面前。因而物至人的拣货设备自动化水准比较高，其储存设备本身便需要具备动力，才能移动物品储存位置或将物品取出。具有物至人特性的拣货设备可包含以下的储存设备和搬运设备：

（1）储存设备：单元负载自动仓储、轻负载自动仓储、水平旋转自动仓储、垂直旋转自动仓储、梭车式自动仓储。

（2）搬运设备：堆高机、动力输送带、无人搬运车。

☞ 知识窗3：自动拣货系统

除以上人至物、物至人两种方式外，还有一类就是自动拣货系统，其拣取的动作完全由自动机械负责，无须人力介入。如今已有一些完全自动拣货设备发展成功：

（1）箱装自动拣货系统：IHI所研发的Ordematic设备和Pickruner设备等。

（2）单品自动拣货系统：IHI所研发的适合药品、化妆品的Itematic设备和适合小物使用的S型拣货装置等。

工作任务3：了解拣货作业区域规划。

☞ 知识窗1：提高储存效率，充分利用储存空间

在现实中储存空间不能充分利用的情况是常见的，除提倡立体化储存之外，可以

通过减少通道所占用的空间来提高储存效率，还可以采用一些有特色的储存和搬运设备。

☞ **知识窗 2：储存时应考虑易于出库和拣选**

要了解和记忆各种物品的储存位置，对出入库频繁的物品应放在距离出入口较近的地方，这样可以缩短取货时间。

☞ **知识窗 3：减少拣选错误**

拣选作业中，误发货往往是不可避免的，这是最大的浪费。为解决这一问题，除实现机械化和自动化之外，还要求作业人员尽可能减少目视及取物操作上的错误。

☞ **知识窗 4：作业应力求平衡，避免忙闲不均的现象**

必须重视收货入库、接收订单后出库等作业和进、出车辆的装卸作业的时间表的调整。通常车辆卸货到入库前的暂存，以及出库和车辆装载之时的理货作业，是作业不能均衡调节的重要因素，其他作业也应周到考虑、合理安排。这样做可以减少忙乱，节约人力。

☞ **知识窗 5：事务处理和作业环节要协调配合**

要调整物流和信息流，使两方面的作业都没有等待时间。通常在物流作业之前要进行信息处理，例如在发货时先要根据发货通知将物品取出，在出库区进行理货作业，再填写出库单，这些事务完成后，配送车辆的司机再拿着出库单来提货。

☞ **知识窗 6：分拣作业的安排要和配送路线的顺序一致**

向配送车辆装货时必须考虑配送路线顺序，而在出库区理货时又要考虑装载方便。在分拣选货时也要依据这个原则，即分拣作业的安排要和配送路线的顺序一致。

☞ **知识窗 7：缩短配送车辆如卡车等运输设备的滞留时间**

缩短滞留时间是减少运输成本的重要因素。首先，如前所述，作业均衡化、事务处理和作业环节协调配合对缩减车辆等待时间是必要的；其次，减少车辆的装卸时间也是很重要的，为了减少装卸时间应尽可能采用单元化集装系统，有效地应用各种托盘进行装卸作业；最后，还应在理货时考虑配送路线顺序，便于车辆在短时间内完成装卸作业。如果想进一步提高效率还可以采用大型集装箱或拖车，使车辆的等待时间减少到最低限度。

**实训场景 5
任务实训**

实训场景 6
补货作业

【学习目标】

【知识目标】 了解与认知补货作业流程。
【技能目标】 熟悉补货方式,掌握补货时机。
【素养目标】 树立共赢理念、清正廉洁、遵规守纪的职业道德,养成公平公正、团结协作的工作作风。

【思维导图】

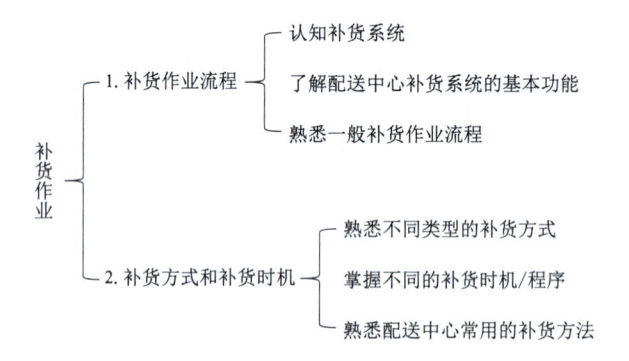

```
                      ┌── 认知补货系统
            ┌ 1.补货作业流程 ── 了解配送中心补货系统的基本功能
            │         └── 熟悉一般补货作业流程
补货作业 ──┤
            │                    ┌── 熟悉不同类型的补货方式
            └ 2.补货方式和补货时机 ── 掌握不同的补货时机/程序
                                 └── 熟悉配送中心常用的补货方法
```

学习情境 1　补货作业流程

知识点:补货系统的定义、基本功能及一般补货作业流程。
关键技能点:熟悉补货系统的功能及一般补货作业流程。

工作任务 1:认知补货系统。

☞ **知识窗:**

配送中心补货系统,就是配送中心完成存货补充和订货决策以及具体补货作业的功能子系统。当客户需求开始消耗现有存货时,补货系统需要根据以往的经验,或者相关的统计技术方法,或者计算机系统的帮助,确定最优库存水平和最优订购量,并根据所确定的最优库存水平和最优订购量,在库存低于最优库存水平时发出存货再订购指令。配送中心补货系统的目标就是保持库存中的每一种物品都在目标服务水平下达到最优库存水平。

工作任务2：了解配送中心补货系统的基本功能。

☞ 知识窗1：当库存量降低到警戒线时，系统能发出补货信号

配进中心补货系统首先要能够及时发现需要补充订货的存货品名与种类。警戒线存货是指补货系统预先设置的一个库存水平，当存货降至该库存水平时，配送中心就需要进行再订货了。配送中心可以通过人工巡视发现需要再订货的存货种类，也可以通过计算机统计以及一些信息收集工具提示哪些存货应该进行再订货。

☞ 知识窗2：系统能提供订货数量的建议值

这是配送中心补货系统所具有的存货管理决策职能，也是补货系统的核心职能。为了能够提供订货数量的建议值，补货系统需要考察存货的耗用规律，预测未来存货的需求，并结合存货成本进行综合分析。通常配送中心会应用比较复杂的预测模型以及通过计算机模块的帮助来发现订货数量的建议值，但对于一些需求规律变化不大的存货种类，配送中心也可以采取一些简化的经验方法来确定这个值。

☞ 知识窗3：能按照要求完成订购和补货作业，使库存保持最优水平

配送中心确定了需要补充库存的物品种类、订购数量后，还要根据该物品的耗用规律，确定具体订购的时间，发出采购订单，保证物品及时入库，以确保供应。另外，由于一些物品不断发出，存在拣货区的存货将不断减少，这时配送中心还需要将物品不断由储存区移到拣货区，以保证拣货区的供应和配货工作的顺利进行。这就是配送中心补货系统的最后一项功能——补货作业。

工作任务3：熟悉一般补货作业流程。

☞ 知识窗：

补货作业是将物品从仓库储存区搬运到拣货区的工作。以托盘为例，一般补货作业流程如图1-23所示。

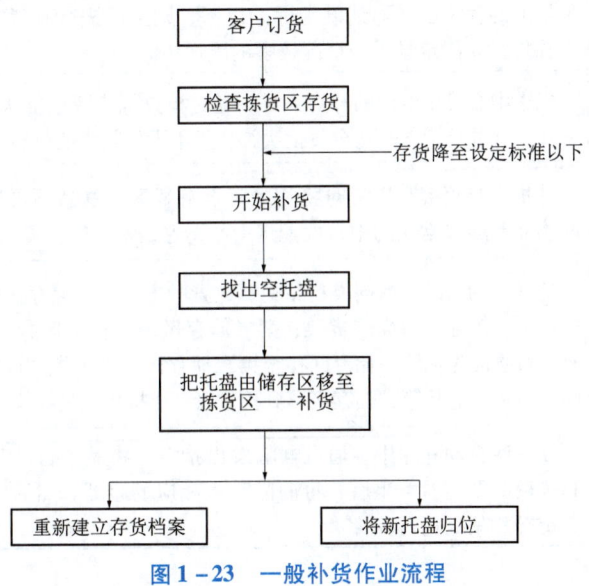

客户订货
↓
检查拣货区存货
↓ 存货降至设定标准以下
开始补货
↓
找出空托盘
↓
把托盘由储存区移至拣货区——补货
↓
重新建立存货档案　　将新托盘归位

图1-23 一般补货作业流程

学习情境 2　补货方式和补货时机

知识点：不同类型的补货方式特点和补货时机。

关键技能点：熟悉不同类型的补货方式，掌握不同的补货时机/程序。

工作任务 1：熟悉不同类型的补货方式。

☞ 知识窗：补货方式（见表1-24）

表1-24　补货方式

分类标准	类别	说明
按每次补货量区分	整箱补货	由补货人员应用取货箱到货架储存区取货，将取货箱装满后，用手动液压叉车（地牛）或手推车运到拣货区。这种补货方式比较适合体积小、出货量少但品种多的物品
	托盘补货	以托盘为单位进行补货。补货人员先用叉车等将托盘由储存区运到拣货区，然后拣货人员在拣货区将托盘上的物品搬运至输送机上。这种补货方式适合体积大或出货量大的物品
	货架补货	这种补货方式用于储存区与拣货区处于同一货架的情况。配送中心通常把一些体积小、流动性不大的物品存放在同一个货架的上下两层，下层作为拣货区，上层作为保管区。货架补货就是当下层货架上的存货低于设定标准时，将上层物品移出一部分补充到下层，使其达到设定标准
按照补货周期分	批组补货	通过计算机查询每天需要的总补货量以及存货区存货量的情况，将补货量一次性补足。这种补货方式比较适合一天内作业量变化不大、紧急插单少或每批次拣货量大的情况
	定时补货	每天规定几个时段，补货人员在这几个时段内检查拣货区的存货情况，若货架上的存货已经降到设定标准以下，则立即进行补货。这种补货方式适合于拣货时间固定且紧急情况较多的配送中心
	随机补货	配送中心设定专门的补货人员，随时检查拣货区存货状况，发现不足则立即补货。这种补货方式适合每批次补货量不大但紧急插单多、不确定性大的情况
其他补货方式	直接补货	补货人员直接在进货时将物品运至拣货区，物品不再进入储存区。对于一些物品周转非常快的中转性配送中心，这是常用的补货方式
	复合式补货	拣货区的物品采取同类物品相邻放置的方式，而储存区采取两阶段的补货方式。第一储存区为高层货架；第二储存区位于拣货区旁，是一个临时储存区，补货时物品先从第一储存区移至第二储存区，等拣货区存货降到设定标准以下时，再将物品从第二储存区移到拣货区，由拣货人员在拣货区将物品拣走
	自动补货	在一些自动仓库中，通过电脑发出指令，物品被自动从储存区送出，经过扫描商品及容器条码后，将商品装入相应的容器，然后容器经输送机被运送到旋转货架处进行补货

工作任务2：掌握不同的补货时机/程序。

☞ 知识窗1：补货时机/程序（见图1-24）

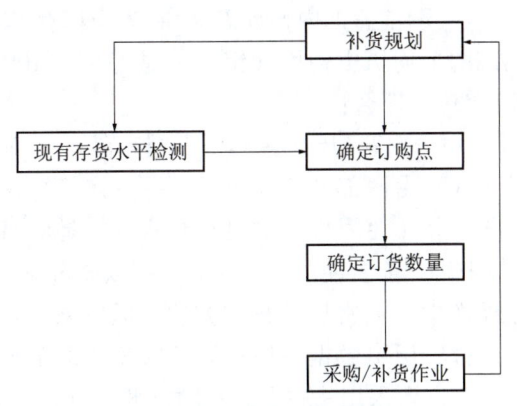

图1-24 补货时机/程序

☞ 知识窗2：确定现有存货水平

知识窗2-1：确定现有存货水平的重要性

对现有存货水平的检测是配送中心补货作业的起点，因为只有准确地知道现有存货的水平，才能确定需要补充多少存货。

知识窗2-2：现有存货的检测方法

具体来讲，对现有存货的检测主要有两种方法：定期检测和连续检测。定期检测是按照一定的周期对存货进行检查的方法，周期的具体确定可以依据实际情况，可以是几天、一周或一个月检测一次。连续检测要求存货管理者要连续记录存货的进出，每次存货处理后都要检测各商品的数量。

知识窗2-3：确定现有存货水平时应注意的问题

（1）在计算现有存货水平时，要确定现货库存的数量。现货库存是指检测时点存货系统中的实际实物库存，现货库存是补货计算的起点。

（2）计算可得存货量。可得存货的计算是在现货库存中减去销售订单已经得到确认但尚未发出的保留存货量，剩余的才是可得存货量，能够用来满足新的客户需求。

（3）考虑在途订货的问题。在途订货是已经订购但还没有接收到的补充库存。由于在途订货的所有权已经转归配送中心所有，所以在计算现有存货水平时在途订货应被视为现有存货加进来，但要注意在前置期，在途订货不能马上分配给急用或已经被延迟的客户订单。

明确以上几点后，就可以准确计算现有存货水平了。现有存货水平是从某种商品的现货库存总数与在途订货量的和中减去为客户保留的存货以及内部分支机构的转移订购量，这个值的确定是存货补充计算的基本元素之一。

☞ 知识窗3：确定订购点

（1）订购点是补货系统的启动机制。在订购点补货系统中，只要现有库存水平低于指定的订购点，系统就立即发出补货指令。在定期检测补货系统中，则根据事先制定的目标存货水平，在固定的检测时点将现有存货水平与目标存货水平进行比较，如果现有存货水平低于目标存货水平，则需要进行补货。订购点的确定要考虑前置期库存需求以及安全库存的需要。订购点存货水平 OP 一般用下面公式确定：

$$OP = 前置期内预计需求 + 安全库存$$

例如，如果某种商品的平均历史耗用（销售）是每星期 100 单位，补货的前置期是 2 周，安全存货是 50 单位，那么：

$$OP = 100（耗用）×2（周）+50（安全库存）=250（单位）$$

（2）订购点存货水平 OP 由两部分相加组成：一是在等待存货补充订购到达期间（前置期）满足预计客户需求（耗用量）的足够存货，二是应对供需变化的保守存货（安全库存）数量。一般来讲，前置期内的预计需求可以通过对以往的需求数据进行简单平均来估计，这也是配送中心最常用的预测方法。但应该注意的是，现实生活中需求往往具有很大的不确定性，历史数据往往只能反映现在的部分需求规律，要得出目前更为准确的需求估计值，需要采用一些专门预测技术对历史数据进行处理。

（3）安全库存主要是为了应对前置期内需求的不确定性而设置的。由于客户需求往往具有很大的不确定性，如果预测时估计不足，很可能会造成缺货。在这样的背景下，通过建立适当的安全库存，可以减小缺货的可能性，从而在一定程度上降低库存短缺成本。但安全库存的加大会使库存持有成本增加，因而，必须在缺货成本和库存成本两者间进行权衡。安全库存量的大小与客户服务水平（或订货满足率）存在很大关系。所谓客户服务水平，就是指对客户需求情况的满足程度，用公式表示如下：

$$客户服务水平 = 年缺货次数/年订货次数 ×100\%$$

客户服务水平越高，说明缺货发生的情况越少，从而缺货成本就较小，但因增加了安全库存量，导致库存的持有成本上升。客户服务水平较低，说明缺货发生的情况较多，缺货成本较高，而安全库存量水平较低，库存持有成本较小。因而我们必须综合考虑客户服务水平、缺货成本和库存持有成本三者的关系，最后确定一个合理的安全库存量。需要注意的是，合理的安全库存量并不能保证完全不缺货。

☞ **知识窗 4：确定订货数量**

（1）订购点确定下来以后，补货系统还要决定订货数量。订货数量的确定有多种方法，可以根据以往经验确定或按经济订货批量模型（EOQ）得出。经济订货批量模型的原理是通过数学方法，对各种存货成本进行全面均衡，得出存货总成本最小时的订货批量，并将这个数量作为补货数量。

（2）在不同的补货系统中，订货数量可以是固定的，也可以是变动的。一般来讲，在固定周期订货条件下，订货周期是不变的，但订购点的现有存货水平可能是变动的，每次的订货数量也可能是变化的。固定批量订货则正好相反，订购点的现有存货水平是固定的，即都处于订购点存货水平，每次订货数量是固定的，订货周期却是变化的。

（3）固定订货周期法由于按期订货，所以在订货间隔期和前置期内可能发生缺货现象；固定批量订货由于随时监控库存水平，库存水平一旦达到订购点即发出订单，所以一般不会缺货。

☞ **知识窗 5：发出采购订单和进行补货作业**

订购点和订货数量确定下来以后，补货系统的最后一个程序就是对需要补充库存的存货种类发出采购订单，进行补充库存的订购。另外，还要根据拣货作业的要求，对于拣货区需要补充的存货进行补充，也就是将存放在储存区的存货转移到拣货区。

工作任务3：熟悉配送中心常用的补货方法。

☞ 知识窗1：人工视觉检测补货。

人工视觉检测补货相对简单，它通过直接检查现有存货的数量来决定是否补货。使用这种方法，只要对存货进行定期的视觉检查，并事先确定补货的规则，就可以进行补货了。如补货规则规定存货箱半空或只有两盘存货时就应补货，那么巡视人员在定期检查中首先将符合补货规则的存货种类挑出来，然后填制补充订货购置单，交给采购部门审核采购就可以了。一般来讲，对数量小、价格低、前置期短的产品，使用人工视觉检测补货技术非常有效。这种技术的基本优势是存货记录和雇员培训的成本最小，其劣势在于没有办法确保产品得到适当的定期检测，不能及时反映由当前供给、需求和前置期的变化造成的过度库存或缺货，随机反应比较迟钝。

☞ 知识窗2：双箱补货

双箱补货是一种固定数量的补货方法。存货放到两个储柜（或其他形式的容器）里，其中一个放在分拣区，另一个放到库房储存区保存起来。当分拣区的储柜空了，库存区的储柜就被提到前面来满足客户需求。空箱子起到了补货驱动器的作用。每个储柜所要求的数量是在等待补货到达期间服务于需求所必需的最小库存。当新的采购量到达后，先放进储柜存到储存区，等到分拣区的储柜空了，再将其移到分拣区，这样循环往复。双箱补货原来是为控制流转速度快的低值商品（如螺丝）而设计的订货和补货方法，其优势是处理简便，其劣势在于不能及时对市场的变化做出适当的反应。

人工视觉检测补货和双箱补货易于理解和应用，并且操作成本很低，在配送商的存货控制中得到了广泛的应用，但在使用中必须注意以下几方面的问题：

（1）两种方法最好应用于成本低、数量大或体积小、补货的前置期短的产品，如ABC库存分类中的C类产品。

（2）由于这两种方法要求存货的价值较低，存货数量相对较大，存货水平不直接与客户需求相联系，所以采用这两种方法管理的各类存货容易形成不必要的高库存水平。

（3）这两种方法对需求模式不敏感。两种方法都确定了具体的订货数量，并且对这些数量几乎不进行调整，随着时间的推移，订货数量就不再反映真实的需求了。

（4）在人工视觉控制中，由于不需要连续地记录存货变化，所以存货管理人员常常会松懈，从而使存货控制水平降低。

☞ 知识窗3：定期检测补货

定期检测补货指每一种商品都确定一个固定的检测周期，检测结束时做出下一步的商品补货订购决策，只要能够满足商品需求，检测周期可以按天、周、月或季度来确定，这种方法也叫作固定周期/可变订购量方法。使用这种方法有许多优势，它不需要连续做存货记录，成本也不高。另外，这种方法还可保持人工操作，不必使用计算机。定期检测补货适用于一些总数巨大、种类繁多的存货，如一些零配件配送中心。

☞ 知识窗 4：订购点补货

（1）订购点补货是系统事先为每一种存货确定一个固定的存货水平，这个固定的存货水平就是订购点存货水平，当商品的存货数量降至订购点存货水平时，由系统产生订货推荐值，使存货水平上升到订购点以上的补货方法。订货推荐值可以人工确定，也可以使用经济订购批量，但订货推荐值一般是固定不变的，订货间隔期可以变化，因此这种方法也被称为固定订购量/可变周期方法。

（2）与前面讲述的人工视觉检测补货、双箱补货和定期检测补货不同，订购点补货需要严格的、连续的库存交易控制。在对商品进行接收、调整、报废、装运、转移等操作时，为了向管理者提供当前的存货结余，企业的存货控制部门必须做详细的记录。

（3）另外值得指出的是，双箱补货实际上可被看为订购点补货的一种简化形式。因为双箱补货的基本思想是进货时把存货放于两个储柜中，有需要时先从第一个储柜中取货，当第一个储柜取空时，才能够取第二个储柜中的存货，并且同时下订单补货。双箱补货的关键问题是计算储柜的容量，储柜的容量显然应该与获得补货的前置期内的最大订货需求量一致。

☞ 知识窗 5：DRP 系统

虽然人工视觉检测补货、双箱补货、定期检测补货、订购点补货的补货检测与行为方法各不相同，但在概念上它们都是密切相关的。这几种方法都试图确定一个时点，在这一时点上需要进行补货订购，以防正常需求的缺货，然后确定一个经济的或目标的采购数量。与这些统计方法或经验方法不同，DRP（Distribution Requirements Planning）系统是计算机化的管理工具，它以优先序列、时间阶段的方法，通过接触客户并预测需求来对存货进行规划，这种技术也被称为时间阶段订购点法。DRP 系统的最大优势在于能及时地将供给与预期需求相匹配，以此决定订购行为。当需求超过供给的时候，系统会提醒管理者根据预先确定的批量规模订购产品，并使得在预期发生缺货的时候能保证供应。此外，在 DRP 系统运行过程中，系统将不断重新调整供给与需求的关系，为订购者提出一套新的需求订购行为。

实训场景 6
任务实训

实训场景 7
出货作业

【学习目标】

【知识目标】了解出货状况调查，认知出货包装。
【技能目标】熟悉出货作业流程和出货方式、出货检查的不同方法。
【素养目标】培养学生良好的逻辑思维和全局意识，养成良好的协作精神和逻辑思维。

【思维导图】

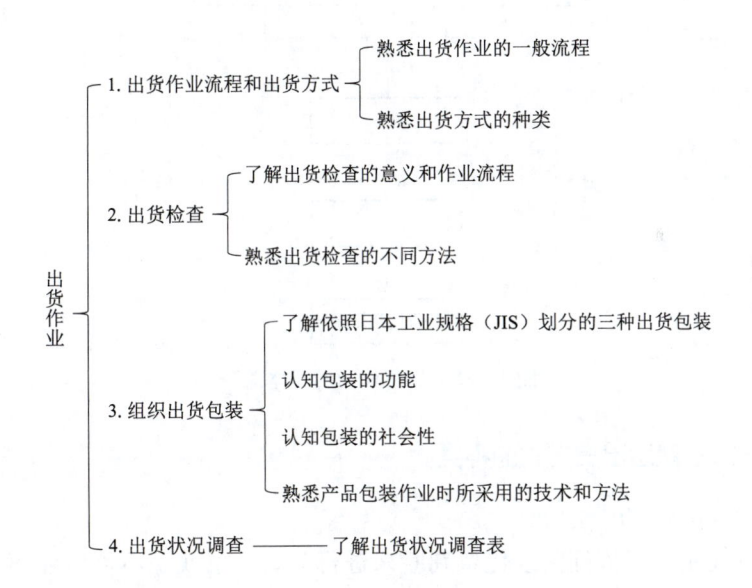

```
                    ┌─ 熟悉出货作业的一般流程
      1. 出货作业流程和出货方式 ─┤
                    └─ 熟悉出货方式的种类

            ┌─ 了解出货检查的意义和作业流程
      2. 出货检查 ─┤
            └─ 熟悉出货检查的不同方法
出货
作业                ┌─ 了解依照日本工业规格（JIS）划分的三种出货包装
                    │
      3. 组织出货包装 ─┤  认知包装的功能
                    │
                    │  认知包装的社会性
                    │
                    └─ 熟悉产品包装作业时所采用的技术和方法

      4. 出货状况调查 ──── 了解出货状况调查表
```

学习情境 1　出货作业流程和出货方式

知识点：出货作业基本流程中的工作环节和不同种类的出货方式。
关键技能点：熟悉出货作业各工作环节的基本流程和出货方式的选择。

工作任务 1：熟悉出货作业的一般流程。

☞ 知识窗：
出货作业是指把拣取分类完成的物品经过配货检查后，装入容器和做好标示，再运到配货准备区，待装车后发送。其基本流程如图 1-25 所示。

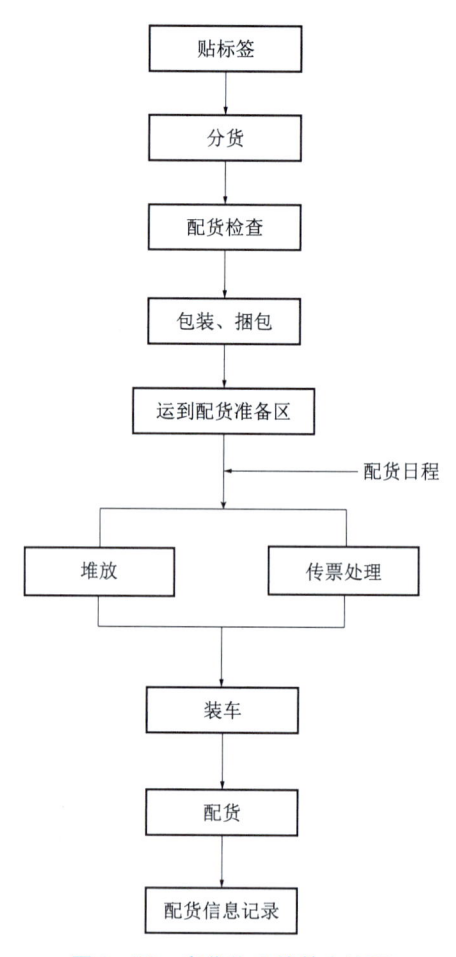

```
贴标签
  ↓
 分货
  ↓
配货检查
  ↓
包装、捆包
  ↓
运到配货准备区
  ↓           ← 配货日程
┌────┬────┐
堆放   传票处理
└────┴────┘
  ↓
 装车
  ↓
 配货
  ↓
配货信息记录
```

图 1-25　出货作业的基本流程

工作任务2：熟悉出货方式的种类。

☞ **知识窗1：人工目视处理**

这种方式全由人工依订单或传票判断来进行分货，也就是不借由任何电脑或自动化的辅助设备，拣取作业后依订单或传票信息将各客户的订购物品放入已贴好各客户标签的货篮中。

☞ **知识窗2：自动分类机**

（1）为应对多品种少量订货的市场趋势，自动分类机兴起，且正被广泛运用。自动分类机是利用电脑及辨识系统来达成分类的目标，因而具有迅速、正确、不费力的效果，尤其当拣取数量或分类数量众多的物品时，更有效率。

（2）自动分类机的种类非常多，且各有其特色，但依其滑出方式大体可分为两种：将载物部分倾斜滑落的倾倒式和水平分出处理式。

（3）以易破损物品而言，采用倾倒式会有较大的损害概率，因而适合水平分出处理式。此外，当系统要求较大分类能力时，则需要采用较高速的自动分类机，并最好使用震荡较少的窄皮带传送方式，以免伤及物品。所以，在选择自动分类机时，最好从以下五个主要角度来衡量：物品数量、物品形状、质量分析、容器尺寸分析、易损坏品分析。

☞ *知识窗 3：旋转架分类*

为节省成本，也有取代自动分类机而使用旋转架的方式。将旋转架的每一格位当成客户的出货篮，分类时只要于电脑输入各客户的代号，旋转架即会自动将其货篮转至作业人员面前，让其将批量拣取的物品放入。同样地，即使没有动力的小型旋转架，为节省空间也可作为人工目视处理的货篮，只不过作业人员依照每格位上的客户标签自行旋转寻找，以便将物品放入正确储位中。

学习情境 2　出货检查

知识点：出货检查的意义、作业流程和方法。
关键技能点：熟悉出货检查的作业流程和出货检查方法。

工作任务 1：了解出货检查的意义和作业流程。

激励广大青年
肩负历史使命

☞ *知识窗：*

出货检查作业包括把拣取物品依照客户、车次对象等做产品号码及数量的核对，以及实施产品状态和品质的检验，如图 1 - 26 所示。在拣货作业后的物品检查，既耗费时间及人力，又通常效率不高。出货检查属于确认拣货作业是否产生了错误的处理作业，所以如果能先找出让拣货作业不会发生错误的方法，就能免除事后检查的需要，或只对少数易出错物品做检查。

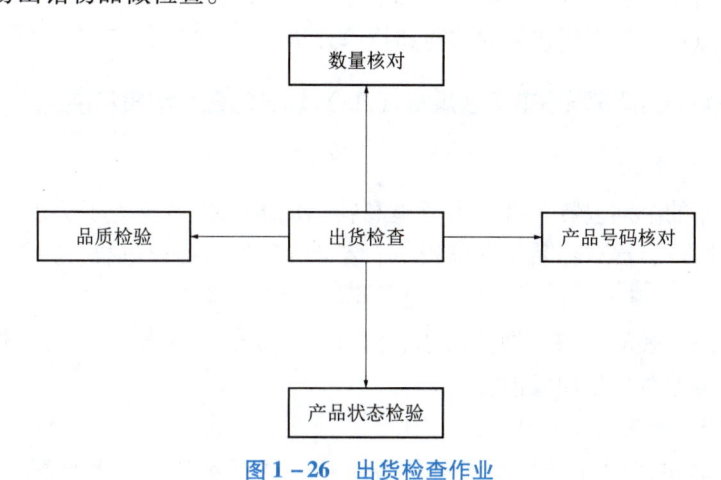

图 1 - 26　出货检查作业

工作任务 2：熟悉出货检查的不同方法。

☞ *知识窗：*

出货检查最单纯的做法即以纯人工进行，也就是将物品一个一个点数并逐一核对出货单，进而查验出货的品质水准及状态情况。以状态及品质检验而言，纯人工方式逐项或抽样检查的确有其必要性；但对于物品号码及数量核对来说，以纯人工方式就可能较无效率也较难将问题找出，即使采取多次的检查作业，也可能只是耗费了许多时间，错误却依然存在。因此，以效率及效用来考虑，如今在数量及号码检查的方法上有许多突破，主要有以下几种方法：

（1）商品条码检查法。即要导入条码，让条码跟着物品跑。当进行出货检查时，只需将拣出物品的条码以扫描机读出，电脑则会自动将资料与出货单对比，来检查是否有数量或号码上的差异。

（2）声音输入检查法。这是一项较新的技术，是由作业人员发声读出物品的名称（或代号）及数量，之后电脑接收声音作自动判识，转成资料再与出货单进行比对。此方式的优点在于作业人员只需用嘴读取资料，手脚仍旧空着可做其他工作，自由度较高。但需注意的是，此法声音的发音要准，且每次发音字数有限，否则电脑辨识困难，可能产生错误。

（3）质量计算检查法。就是先利用自动加总算出出货单上的物品质量，而后将拣出物品用计重器称出总质量，再将两者互相对比的检查方法。如果能利用装有质量检核系统的拣货台车拣货，则在拣取过程中就能利用此法来做检查，拣货员每拣取一样物品，台车上的计重器则会自动显示其质量作查对，如此可完全省去事后的检查工作，在效率上及正确性上的效果将更好。

学习情境3　组织出货包装

知识点：出货包装的分类、功能和技术方法。
关键技能点：熟悉出货包装的功能和技术方法。

工作任务1：了解依照日本工业规格（JIS）划分的三种出货包装。

☞ *知识窗1：个装*

个装指物品的个别包装，这是出于提高物品的商品价值及为了美观或保护物品而使用适当的材料或容器对物品加以包装。个装又可称为"商业包装""销售包装"。

☞ *知识窗2：内装*

内装指物品包装的内层，即考虑水、湿气、光、热、冲击等对物品的影响而使用适当的材料或容器对物品加以包装。

☞ *知识窗3：外装*

外装指物品包装的外层，即将物品装入箱、袋、木桶、罐等容器，或在无容器的状态下，将物品加以捆绑、施加记号及打包符号等。在此需要注意的是，外装容器的规格也是影响物流效率的重要因素，因其尺寸与栈板、搬运设备尺寸是否搭配直接关系到进出货作业的运行速率，且其荷重、耐冲、抗压能力也关系到物品损坏程度。

外装又称为"运输包装""工业包装"，对于运输物品的包装，通常不求装潢美观，只求坚固耐用，以免物品经长距离辗转运输而遭受损失。

工作任务2：认知包装的功能。

☞ 知识窗1：提供物品保护作用

包装的保护功能须针对两大要点：

(1) 包装保护的时效应超过所预期的商品时效。

(2) 保护商品特有的弱点，例如化学与物理性的危害及商品被窃的可能性。

☞ 知识窗2：便于搬运、储存及使用方便

包装须能增进使用上的方便，如易开罐的开启法便是包装的一大革新。此外，便于搬运及储存也是包装设计的主要考虑因素。

☞ 知识窗3：刺激顾客的购买欲

保护良好及使用方便的包装如果不能刺激顾客的购买欲，它还是毫无价值。所以包装不仅要能帮助厂商销售商品，最好能激起顾客重复购买的欲望。因而包装外观设计的重要性有下列几点：

(1) 它可当作商品宣传的工具。

(2) 它可表示商标或制造厂名称。

(3) 它能说明商品的使用方法。

(4) 刺激顾客购买，增加商品销售量。

☞ 知识窗4：易于辨认

就商业包装而言，外观宜富有吸引力及容易辨认；就工业包装而言，容易辨认也是营运的主要条件。另外，产品易于辨认也可达到更高的搬运效率及作业正确性。

工作任务3：认知包装的社会性。

☞ 知识窗1：包装所产生的社会问题及解决办法

包装与人类的日常生活有密切的关系，因而我们对包装产生的社会问题应加以重视，如表1-25所示。

表1-25 包装所产生的社会问题及解决办法

问题	解决办法
包装过大及包装过剩	要求包装适当化
包装宣传的可靠性	确立包装的可靠性
包装废弃物的处理	提倡环保实践
包装资源	包装回收的再利用
包装安全性	提升客户服务品质

☞ 知识窗2：包装材料的选取

选取包装材料可以按照5R1D原则来进行：5R指的是包装轻量化、材料可回收、

材料再利用、材料可循环再生、拒绝非生态材料；1D 指的是材料可降解性。

工作任务 4：熟悉产品包装作业时所采用的技术和方法。

☞ *知识窗 1：产品包装的一般技法*

(1) 对内装物进行合理置放、固定和加固。
(2) 对松泡产品进行压缩。
(3) 合理选择外包装的形状尺寸。
(4) 合理选择内包装（盒）的形状尺寸。
(5) 包装外的捆扎。

☞ *知识窗 2：产品包装的特殊技法*

(1) 缓冲包装技法（或称防震包装技法）是为了解决包装物品承受外界的冲击力、振动力等问题，进而防止损伤的包装技术和方法。
(2) 防潮包装技法就是采用防潮材料对商品进行包装，以隔绝外部空气相对湿度变化对商品的影响，使得包装内的相对湿度符合商品的要求，从而保护商品质量的技术和方法。
(3) 防锈包装技法是运输或储存金属制品与零部件时，为了防止其生锈而降低使用价值或性能所采用的包装技术和方法。
(4) 防霉包装技法是为了防止因霉菌侵袭导致内装物长霉而影响商品质量所采取的一定防护措施的包装技术和方法。

☞ *知识窗 3：包装操作技术*

(1) 充填技术是将商品装入包装容器的操作，分为装放、填充与灌装三种形式。
(2) 封口和捆扎技术。
(3) 裹包是用一层挠性材料包覆商品或包装件的操作。
(4) 加标和检重。加标就是将标签粘贴或拴挂在商品或包装件上，标签是包装装潢和标志，因此加标也是很重要的工作；检重是检查包装内容物的质量，目前大多采用电子检重机进行检测。

学习情境 4　出货状况调查

知识点：出货状况调查表所包含的信息。
关键技能点：通过调查表的记录有效掌握出货状况。

工作任务：了解出货状况调查表。

☞ *知识窗：*

有效掌握出货状况可以掌握公司营运的效益，对于作业管理及服务客户有很大的帮助。因此，通过表 1-26 中的信息，可以详细掌握物品及车辆的出货情形。

表 1-26　出货状况调查表

时间：　　年　　月　　日

项目		平均值	极限值
出货对象、数量	一日内的出货厂数	平均：	最多：
	一日内的出货品项数	平均：	最多：
	配送车种	吨数：	最多：
	车辆台数/日	平均：	最多：
	每一车的装货（出货）时间	平均：	最多：
出货运送点数	出货捆包数	平均：	最多：
	出货所需人员数	平均：	最多：
	一日出货的总重或总体积	总重：	总体积：
出货形式	出货距离	平均：	最远：
出货时间带：（每一时刻出货的车数调查）	车数↑　　　　　　　　　　　　　　　→时间　O		

实训场景 7
任务实训

实训场景 8
搬运作业

【学习目标】

【知识目标】认知搬运作业，了解搬运作业发生的时机、改善搬运作业的基本原则。

【技能目标】掌握搬运作业管理的分类、搬运作业的分析。

【素养目标】树立统筹规划的全局观念和成本节约意识，提升团结协作的工作作风和科学创新的工作态度。

【思维导图】

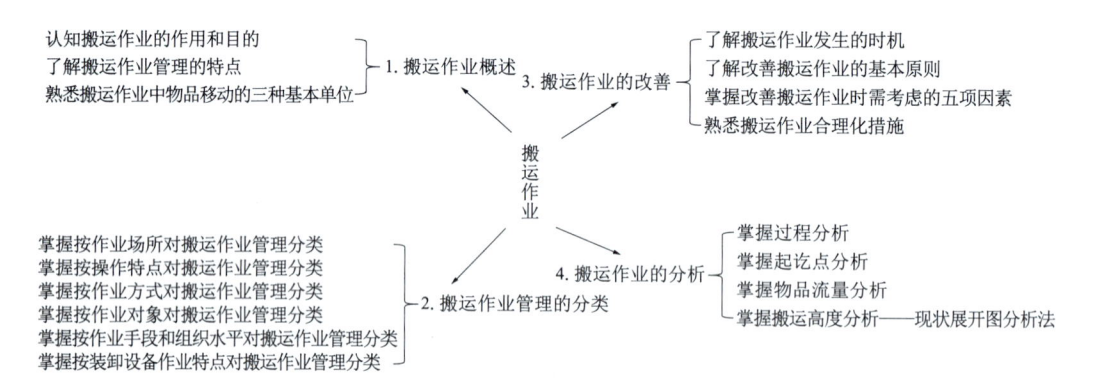

```
认知搬运作业的作用和目的
了解搬运作业管理的特点                              了解搬运作业发生的时机
熟悉搬运作业中物品移动的三种基本单位  ┐1.搬运作业概述   ┌ 了解改善搬运作业的基本原则
                                                 3.搬运作业的改善  掌握改善搬运作业时需考虑的五项因素
                                                                熟悉搬运作业合理化措施
                                          搬运作业

掌握按作业场所对搬运作业管理分类
掌握按操作特点对搬运作业管理分类                    掌握过程分析
掌握按作业方式对搬运作业管理分类                    掌握起讫点分析
掌握按作业对象对搬运作业管理分类 ┐2.搬运作业管理的分类  4.搬运作业的分析  掌握物品流量分析
掌握按作业手段和组织水平对搬运作业管理分类            掌握搬运高度分析——现状展开图分析法
掌握按装卸设备作业特点对搬运作业管理分类
```

学习情境 1　搬运作业概述

知识点：搬运作业的作用、特点及物品移动单位。

关键技能点：了解搬运作业的主要目的及特点，熟悉搬运作业中物品移动的三种基本单位。

工作任务 1：认知搬运作业的作用和目的。

☞ 知识窗 1：

物流系统各个环节的先后或同一环节的不同活动之间，都必须进行装卸搬运作业（简称搬运，下同），如运输、储存、包装等都要有搬运作业配合才能进行。搬运是物料的不同运动（包括相对静止）阶段之间相互转换的桥梁，正是因为有了搬运作业才能把物料运动的各个阶段连接成连续的"流"，使物流的概念名实相符。

☞ 知识窗 2：

搬运是指在同一地域范围内进行的，以改变物料的存放（支承）状态和空间位置为主要目的的活动。一般来说，在强调物料存放状态的改变时，使用"装卸"一词；在强调物料空间位置的改变时，使用"搬运"一词。搬运与运输、储存不同，运输是解决物料空间距离的，储存是解决时间距离的，而搬运没有改变物料的时间或空间价值，因而，往往引不起人们的重视。可是一旦忽略了搬运，生产和流通领域轻则发生混乱，重则造成生产活动停顿。

☞ 知识窗3：搬运作业的主要目的（见表1-27）

表1-27　搬运作业的主要目的

目的	内容
提高生产力	顺畅的搬运系统，能够消除瓶颈以维持及确保生产水准，使人力有效利用，设备减少闲置
降低搬运成本	减少每位作业人员及每单位物品的搬运成本，并减少延迟、损坏及浪费
提高库存周转率，以降低存货成本	有效率的搬运，可加速物品移动及缩减搬运距离，进而减少总作业时间，使得存货存置成本及其他相关成本皆得以降低
改善工作环境，增加人员、物品搬运安全	良好的搬运系统，能使工作环境大为改善，不但能保证物品搬运的安全，减少保险费率，且能提高员工的工作情绪
提高产品品质	良好的搬运可以减少物品的毁损，使物品品质水准提升，减少客户抱怨
促进配销成效	良好的搬运，可增进系统作业效率，不但能缩短物品总配销时间，提高客户服务水准，亦能提高土地劳动生产力，对公司营运成效助益很大

工作任务2：了解搬运作业管理的特点。

☞ 知识窗1：在生产和流通领域中搬运的共性

1. 具有伴生（伴随产生）和起讫性的特点

搬运的目的总是与物流的其他环节密不可分（在加工业中甚至被视为其他环节的组成部分），不是为了搬运而搬运，因此与其他环节相比，它具有伴生性的特点。运输、储存、包装等环节，一般都以搬运为起始点和终结点，因此它又有起讫性的特点。

2. 具有提供保障和服务的特点

搬运保障了生产中其他环节活动的顺利进行，具有保障性质；搬运过程不消耗原材料，不排放废弃物，不大量占用流动资金，不产生有形产品，因此具有提供服务的性质。

3. 具有"闸门"和"咽喉"的作用

搬运制约着生产与流通领域其他环节的业务活动，这个环节处理不好，整个物流系统将处于瘫痪状态。

☞ 知识窗2：在生产和流通领域中搬运的不同特性

生产和流通两个领域的生产规律不同，这两个领域中的搬运也有不同的特性。

1. 均衡性与波动性

生产领域的搬运必须与生产活动的节拍一致，而均衡性是生产的基本原则，因此物料搬运作业基本上也是均衡的、平稳的、连续的；流通领域的搬运是随车船的到发和物品的出入库而进行的，作业的突击性、波动性和间歇性较多。对作业波动性的适应能力是搬运系统的特点之一。

2. 稳定性与多变性

生产领域搬运的作业对象是稳定的，或略有变化但有一定规律；而流通领域搬运的作业对象是随机的，物品品种、形状、尺寸、重量、包装、性质等千差万别，车型、船型也各不相同。对多变的作业对象的适应能力是搬运系统的又一特点。

3. 局部性与社会性

生产领域的搬运作业的设备、设施、工艺、管理等涉及的面基本上局限于企业内部；流通领域搬运的诸因素牵涉到整个社会，如搬运的收货、发货、车站、港口、货主、收货人等都在变动，因此，设备、设施、工艺、管理、作业标准等都必须相互协调，才能发挥整体效益。

4. 单纯性与复杂性。

生产领域的搬运大多数是单纯改变物料的存放状态和几何位置，作业比较单纯；流通领域的搬运是与运输、储存紧密衔接的，为了安全和充分利用车船的装载能力与库容，基本上都要进行堆码、满载、加固、计量、检验、分拣等作业，比较复杂，而这些作业又都成为搬运作业的分支或附属作业，对这些分支作业的适应能力也成了搬运系统的特点之一。

由于在不同的领域搬运作业具有各自的特点，因此，在进行研究、设计、运用、改进、评价时，就表现出不同的侧重面。

工作任务3：熟悉搬运作业中物品移动的三种基本单位。

☞ 知识窗

1. 散装

散装是最简单且最廉价的物品搬运方法，每次的运送量较大，但散装搬运比较容易破坏物品或造成边缘的损坏，应特别注意。

2. 个装

个装往往是体积很大的物品，大部分的移动需要大型搬运机或辅助设施。个装也可累积到某些单元数量后再运，如栈板（托盘）、笼车、盒子与篮子等都是单元载重，单元载重的好处在于可以保护物品并降低每单位的移动成本及装卸成本，让搬运作业运行得更加完善、经济。

3. 包装

多数量的单元包装是标准化的形式，其大小、形态与设计都要一致，才能节省成本。

学习情境2　搬运作业管理的分类

知识点：搬运作业管理的分类。

关键技能点：掌握按不同的要求对搬运作业管理进行分类。

工作任务1：掌握按作业场所对搬运作业管理分类。

☞ 知识窗：

1. 铁路搬运

铁路搬运是指在铁路车站进行的搬运作业，除搬运火车车厢物品外，还包括汽车的装卸、堆码、拆取、分拣、配货、中转等作业。

2. 港口搬运

港口搬运是指在车站或仓库外的装卸站台上进行的各种搬运作业，如装车、卸车、集装箱搬运等作业。

3. 场、棚、库搬运

场、棚、库搬运是指在仓库、堆场、物流中心等处的搬运作业，如堆码、分拣、配货、装车等作业。另外，如空运机场、企业内部以及人不能进入的场所，均属此类。

4. 车间搬运

车间搬运是指在车间内部工序间进行的各种搬运作业，如原材料、在制品、半成品、零部件、产成品等的取放、分拣、包装、堆码、输送等作业。

工作任务2：掌握按操作特点对搬运作业管理分类。

☞ 知识窗：

1. 堆码取拆作业

这包括在车厢内、船舱内、仓库内的码摞和拆垛作业。

2. 分拣配货作业

这是指按品类、到站、去向、货主等不同特征进行分拣物品作业。

3. 挪动移位作业

这是指单纯地改变物品的支承状态的作业（例如，从汽车上将物品卸到站台上）和显著（距离稍远）改变空间位置的作业。

以上作业又可分为手工操作、半自动操作和全自动操作。

工作任务3：掌握按作业方式对搬运作业管理分类。

☞ 知识窗：

1. 吊装吊卸（垂直装卸）

这是通过使用各种起重机械，以改变物品铅垂方向的位置为主要特征的方法，这种方法历史最悠久，应用面最广。

2. 滚装滚卸（水平装卸）

这是以改变物品水平方向的位置为主要特征的方法，如各种轮式、履带式车辆通过站台、渡板开上开下装卸物品，用叉车、平移机来装卸集装箱、托盘等。

工作任务4：掌握按作业对象对搬运作业管理分类。

☞ 知识窗：

1. 单件作业

这是人力作业阶段的主导方法。目前对长、大、笨重的物品，或集装会增加危险的物品等，仍采取这种传统的单件作业。

2. 集装作业

这是指先将物品集零为整，再进行搬运的方法，有集装箱作业、托盘作业、货捆作业、滑板作业、网装作业及挂车作业等。

3. 散装作业

这是指对煤炭、矿石、粮食、化肥等块、粒、粉状物资，采用重力法（通过筒仓、溜槽、隧洞等方法）、倾翻法（铁路的翻车机）、机械法（抓、舀等）、气力输送（用风机在管道内形成气流，应用动能、压差来输送）等方法进行搬运。

工作任务 5：掌握按作业手段和组织水平对搬运作业管理分类。

☞ 知识窗：

（1）人工作业。
（2）机械作业。
（3）综合机械化作业。

工作任务 6：掌握按装卸设备作业特点对搬运作业管理分类。

☞ 知识窗：

1. 间歇作业

这是指在搬运作业过程中有重程和空程两个阶段，即在两次作业中存在一个空程准备过程的作业方法，如门式和桥式起重机作业。

2. 连续作业

这是指在搬运作业过程中设备不停地作业，物资可连绵不断、持续流水般地实现搬运作业的方法，如带式输送机、链斗装车机作业。

学习情境 3　搬运作业的改善

知识点：搬运作业的发生时机、原则、因素和合理措施。
关键技能点：根据搬运作业的原则和重要因素掌握改善的主要措施。

提高创新能力

工作任务 1：了解搬运作业发生的时机。

☞ 知识窗：

搬运作业包括自运输系统装上和卸下物品，从卸货点搬运至物流中心，物流中心内的搬运和从物流中心内取出物品等作业，物流中心搬运作业发生的时机如图 1-27 所示。物流中心的搬运作业，不一定包括所有的搬运作业，但我们已了解到物品搬运除增加成本外，无法增加产品价值，因此必须尽可能地减少物品搬运次数，以降低成本。

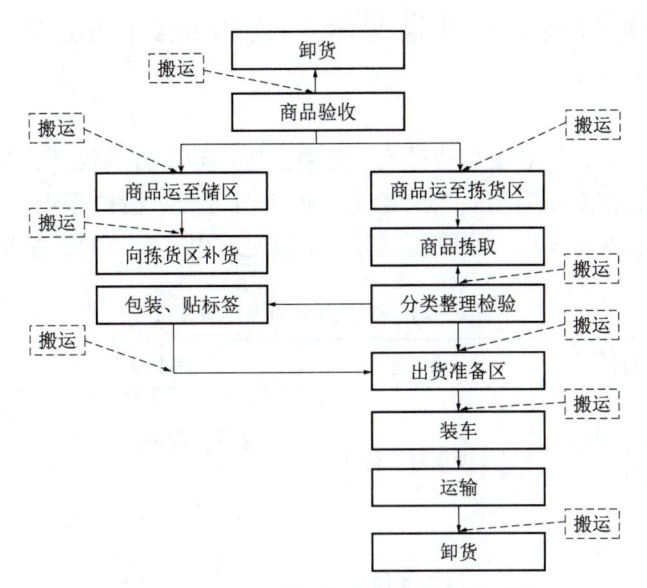

图 1-27　物流中心搬运作业发生的时机

工作任务 2：了解改善搬运作业的基本原则。

☞ 知识窗：

（1）距离的原则——距离越短，搬运越经济。

（2）数量的原则——搬运的数量越多，每单位搬运成本越低。

工作任务 3：掌握改善搬运作业时需考虑的五项因素。

☞ 知识窗

1. 搬运对象

搬运对象是指搬运物品的数量、重量、形态，就是要保证在整个作业过程中各点都要能不断收到正确且适量、完好的物品，同时要使搬运设备能对应好搬运的物品量，以免徒增设备产能耗费。

2. 搬运距离

这是指搬运的位移及长度。搬运的位移包括水平、垂直、倾斜方向的移动，而长度则指位移的大小。因而良好搬运即是要设法运用最低成本、最有效的方法来克服搬运位移、长度，以尽快将所需物品送到指定的场所。

3. 搬运空间

物料、搬运设备皆有所占空间，所以在系统规划时必须预留足够适当的搬运空间，才能达到搬运目的。然而，空间的需求受搬运系统的效率影响很大（一个无效率的搬运系统为防拥塞其所需空间必定较大），因而搬运要有效才能使厂房空间得到充分利用。

4. 搬运时间

搬运时间的意义包括两种：搬运过程的总耗费时间及完成任务的预期时间。要使这两项时间控制在规划之内，就必须配合适当的机具及运作方式，这样才能使物品在恰好的时间到达确定的地点，以避免"过快"（会影响后续作业效率）或"不及"（往往增加仓储成本）的发生。

5. 搬运手段

如表1-28所示，针对搬运的对象，要使搬运达到有效的移动，利用有效的空间，掌握有效的时间，都必须采用适当的搬运手段。而对于手段的运用，应遵循经济、效率两大原则，并在其中谋求一个平衡点，才能满足对内、对外的高度要求。

表1-28 改善搬运的原则与方法

因素		目标	想法	改善原则	改善方法
物料搬运	搬运对象	减少总重量、总体积	减少重量、体积	尽量废除搬运	调整厂房布置
					合并相关作业
				减少搬运量	减少搬运量
	搬运距离	减少搬运总距离	减少回程	废除搬运	调整厂房布置
				顺道行走	
			回程顺载	掌握各点相关性	调整单位布置
			缩短距离	直线化、平面化	调整厂房布置
			减少搬运次数	单元化	栈板、货柜化
				大量化	利用大型搬运机
					利用中间转运站
	搬运空间	降低搬运使用空间	减少搬运	充分利用三度空间	调整厂房布置
			缩减移动空间	降低设备回转空间	选用合适、不占空间、不需太多辅助设施的设备
				协调搬运时机	时间规划安排
	搬运时间	缩短搬运总时间	缩短搬运时间	高速化	利用高速设备
				争取时效	搬运均匀化
			减少搬运次数	增加搬运量	利用大型搬运机
		掌握搬运时间	估计预期时间	时间化	时间规划控制
	搬运手段	利用经济、效率的手段	增加搬运量	机械化	利用大型搬运机
					利用机器设备
				高速化	利用高速设备
				连续化	利用输送带等连续设备
			采用有效管理方式	争取时效	搬运均匀化
					循环、往复搬运
			减少劳力	利用重力	使用斜槽、滚轮输送带等重力设备

工作任务4：熟悉搬运作业合理化措施。

☞ 知识窗1：防止和消除无效作业

无效作业是指在搬运作业中超出必要的搬运量的作业。为了有效地防止和消除无效作业，可从以下几个方面入手：尽量减少搬运次数，提高被搬运物资的纯度，包装要适宜。

☞ 知识窗2：选择适宜的搬运路线

搬运路线通常分为直达型、渠道型和中心型，如图1-28所示。

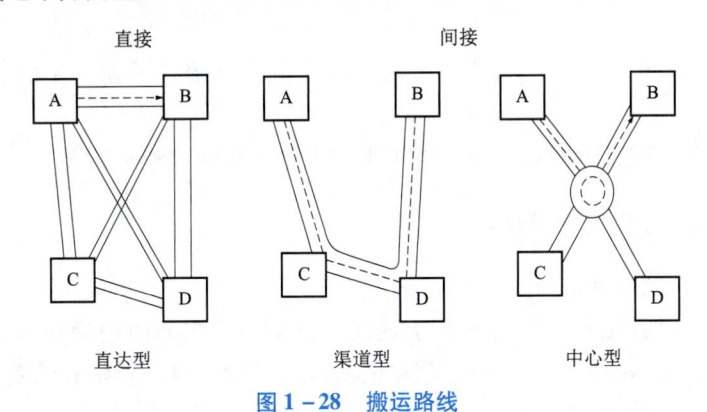

图1-28 搬运路线

☞ 知识窗3：提高物资搬运的灵活性

物资搬运的灵活性是指对搬运作业中的物资进行搬运的难易程度。所以，在堆放物品时，事先要考虑到物品搬运作业的方便性。物品搬运的灵活性，根据物品所处的状态，即物品搬运的难易程度，可分为不同的级别，如图1-29所示。

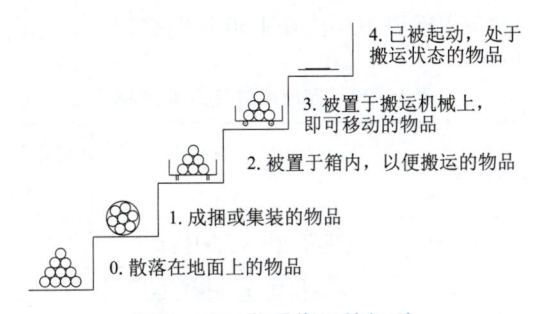

4. 已被起动，处于搬运状态的物品
3. 被置于搬运机械上，即可移动的物品
2. 被置于箱内，以便搬运的物品
1. 成捆或集装的物品
0. 散落在地面上的物品

图1-29 物品搬运的级别

☞ 知识窗4：实现搬运作业的省力化

在物品搬运中应尽可能地消除重力的不利影响，在有条件的情况下利用重力进行搬运，可减轻劳动强度和能量的消耗。

☞ 知识窗5：搬运作业的机械化

机械化程度一般可分为三个阶段：第一个阶段是使用简单的搬运器具的阶段；第二个阶段是使用专用高效的搬运机具的阶段；第三个阶段是依靠电子计算机实现自动化的阶段。

☞ 知识窗6：推广组合化搬运

在搬运作业过程中，根据不同物品的种类、性质、形状、重量的不同来确定不同的搬运作业方式。组合化搬运具有很多优点：①搬运单位大、作业效率高，可大量节约搬运作业时间；②能提高物品搬运的灵活性；③操作单位大小一致，易于实现标准化；④不用手去触及各种物品，可达到保护物品的效果。

学习情境4　搬运作业的分析

知识点：从过程、起讫点、流量、搬运高度等搬运流程的四个不同方面来进行搬运作业的分析。

关键技能点：通过对搬运作业的分析来掌握搬运作业流程的情况。

工作任务1：掌握过程分析。

☞ 知识窗1：过程分析的含义

过程分析（过程图）主要目的在于观察并收集一件物品由进货到出货的整个过程中有关的资料，或是一项作业进行过程中的所有相关的信息及相配合的实体资源设备。

☞ 知识窗2：过程分析的特点

过程分析由于须考虑整个过程，所以一次只能分析一种物品，或一类材料，或一项作业。

☞ 知识窗3：过程分析的制作方法

过程分析主要靠过程图的运用将作业情况表示出来，而后针对现况进行改善的动作。一般的过程分析可以采用现成表格或作业流程图来表示，如表1-29所示。

表1-29　榨汁机进货入库过程

物品名称及单位	活动符号	描述	每载重量/磅	每次运送数量	距离/m
1. 榨汁机（栈）		进货存放于码头月台			
2. 榨汁机（栈）		以堆高机搬运至暂存区	360	3	5
3. 榨汁机	■	卸栈、拆箱			
4. 榨汁机（盒）		数量、品质检验			
5. 榨汁机（盒）		由输送机运送至加工区	2	540	20
6. 榨汁机（盒）	■	流通加工			
7. 榨汁机	■	重包装			
8. 榨汁机（箱）		由输送机运至储区	12	90	30
9. 榨汁机（箱）	■	入库储存			

工作任务 2：掌握起讫点分析。

☞ **知识窗 1：起讫点分析的含义**

与过程分析不同，起讫点分析并不需要观察过程中的每一状况，而是由每一次搬运的起点及终点，或是以各站固定点为记录目标，来对搬运状况做分析。

☞ **知识窗 2：起讫点分析的运行方式**

1. 路线图表示法

每次分析一个流通路线，观察并收集每一移动的起讫点资料及在这条路线上各种不同物品流通的状况。路线图探讨每一路线中物品移动的状况，其一般格式如表 1-30 所示。

表 1-30　路线图

从_____到_____　　　制图员_____
编号_____日期_____　　　页数_____

物品类别		路线情况 距离_____	流量		
序号	类别代码	起点时间	经过路线	终点时间	数　量	经过时间	流量强度

2. 流入流出图表示法

观察并收集流入或流出某一区域的各种移动状况，一旦路线过多反而会成为管理上的一项负担，因此若路线很多时，最好使用流入流出图来描绘不同物品在某一区域的流入流出情形，其格式如表 1-31 所示。

表 1-31　流入流出图

制图员_____　编号_____　区域_____　日期_____　页数_____

物品代码	流入			流出		物品代码
	每天数量		从作业区域	到作业区域	每天数量		
	单位	数量			单位	数量	

工作任务 3：掌握物品流量分析。

☞ **知识窗 1：物品流量分析的含义**

物品在部门单位间转移往往呈现极不规则的方向，为追求时效，管理者必须尽量使所有转移工作都能用最简捷的方向、最短距离的方法完成。而物品流量分析便是将整个转移路径概略绘出,来观察物品移动的流通形态。

☞ 知识窗2:物品流量分析的主要目的

(1)计算各配送计划下可能产生的物品流量,以作为设计搬运方法、选择搬运设备的参考。

(2)评定布置方式的优劣。

(3)配合物品流通形态改变布置方式。

(4)调整物品搬运路径的宽窄。

(5)掌握作业时间,进而预测各阶段时间。

☞ 知识窗3:物品流量分析的方法

物品流量分析的方法多半依靠分群或各组织下设的部门单位作为分析的基础,使用方法可分两类:

1. 部门间直线搬运法

此情况是假设各部门间直线流通并无障碍,以直线距离来作流量分析。此方法与实际状况多少有些差距。

2. 最短路径搬运法

此方法为模拟实际搬运作业的方法,通常依靠电脑来协助处理,运用此方法分析可得出各单位间的最短搬运路径、各路径的物品流通量、在各配送计划下的总搬运量,如图1-30所示,此三项结果能协助管理者达到改善搬运的目的。

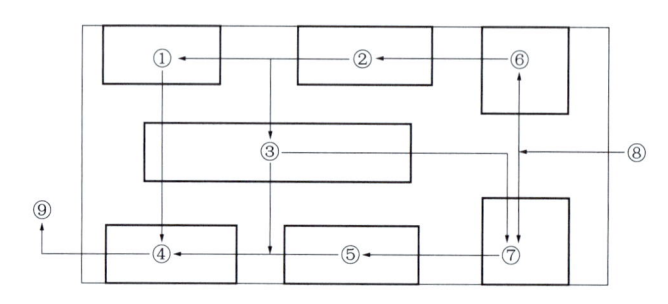

图1-30 最短路径搬运法模拟的物品流量

此外,为求更精确的计算,在进行物品流量分析时,也可以用表1-32的形式来协助计算。

表1-32 物品流量分析表

起讫 分群	物品 流量	搬运 路径	各路径流量计算	
			路径代号	流量
____至____				
____至____				
____至____				

工作任务 4：掌握搬运高度分析——现状展开图分析法。

☞ *知识窗：*

搬运高度在上下变动时必须有动作，如将物品提高、倾斜、拉下等，很容易导致时间与体力的消耗，因而厂房、设备等的配置，应尽可能水平地规划。因此在搬运高度分析上，我们可先依目前设备、设施、搬运用具等的配置，画出现状的搬运高度展开图，如图 1-31 所示。在这张展开图里，最好能将各有关事项逐一记载，如搬运手段、人员、场所的情形、设备名称等，应包含全部的调查，尤其在高度方面。而后由此图进行调整改善，施予水平配置计划，图 1-32 便是改善后的搬运高度展开图。其中最简单的水平调整方式是使用台子的设计将机械设备垫高，让物品能依大体上一致的高度移动，使上下坡的搬运情形减少。

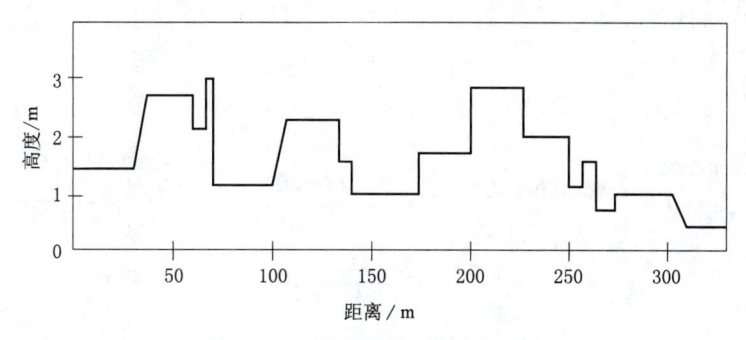

图 1-31 现状的搬运高度展开图

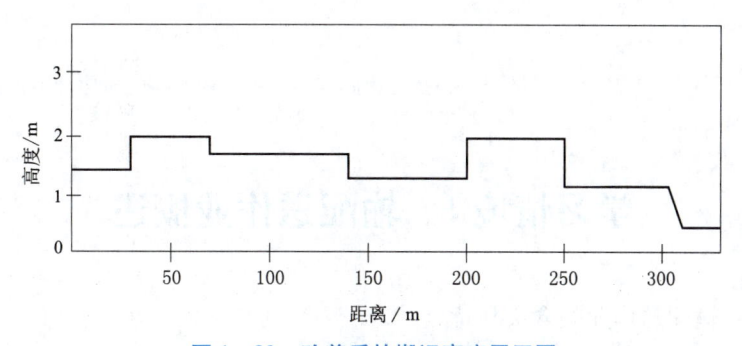

图 1-32 改善后的搬运高度展开图

实训场景 8
任务实训

实训场景 9
输配送作业

【学习目标】

【知识目标】熟悉输配送作业概述、输配送作业管理中的各个工作环节。

【技能目标】掌握输配送作业流程的注意事项。

【素养目标】树立一丝不苟和认真负责的工作态度，养成爱岗敬业的正直品质和科学创新的工作方法。

【思维导图】

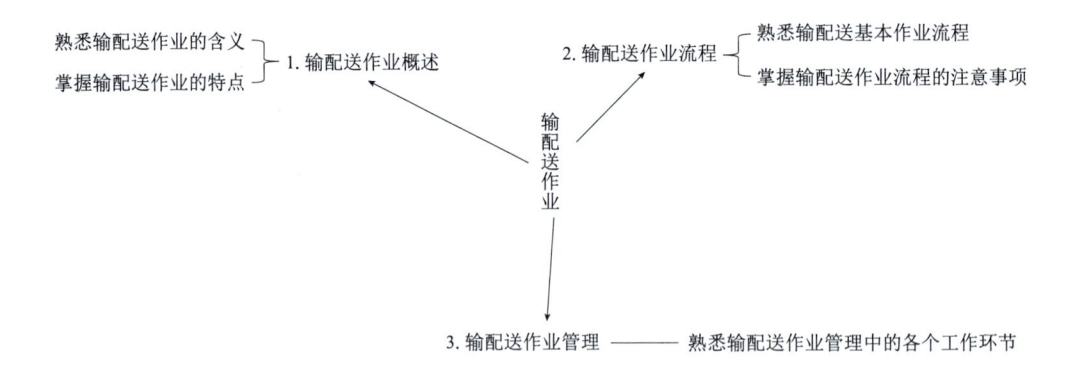

```
熟悉输配送作业的含义 ┐                          ┌ 熟悉输配送基本作业流程
                    ├ 1.输配送作业概述   2.输配送作业流程 ┤
掌握输配送作业的特点 ┘                          └ 掌握输配送作业流程的注意事项
                              ↖   ↑   ↗
                              输配送作业
                                  ↓
                         3.输配送作业管理 ——— 熟悉输配送作业管理中的各个工作环节
```

学习情境 1　输配送作业概述

知识点：输配送作业的含义和特点。

关键技能点：熟悉输配送作业的含义和特点。

工作任务 1：熟悉输配送作业的含义。

☞ *知识窗 1*：

配送中心输配送系统是完成物品配送的功能子系统，也是配送中心系统中一个非常重要的组成部分。正是通过输配送系统，配送中心才得以最终完成物品从生产商到客户的转移，实现物品的使用效用。另外，配送中心输配送系统还通过对物品的集中、合理配送有效地节约了运力，降低了整个社会的物流总成本。

☞ *知识窗 2*：

配送中心输配送系统主要是通过自己掌握的运输工具、运输人员把用户订购的物品从制造厂、生产基地、批发商、经销商或配送中心送到客户手中的过程。输配送通常是一种短距离、小批量、高频率的运输形式。它以服务为目标，以尽可能满足客户需求为宗旨。配送的资源可以是配送中心本身拥有的，也可以是通过租用社会运输资源获得的。另外，配送中心输配送系统还需要通过应用一些数量化的方法以及运输技术来优化配送工作，以便达到低成本高效率完成配送工作的目的。

工作任务2：掌握输配送作业的特点。

☞ 知识窗：

1. 时效性

时效性是流通领域客户最重视的因素，也就是要确保能在指定的时间内交货。输配送作业是从客户订货至交货各阶段中的最后一个阶段，也是最容易引起时间延误的环节。影响时效性的因素很多，除配送车辆故障外，所选择的配送线路不当、中途客户卸货不及时等均会造成时间上的延误。因此，必须在认真分析各种因素的前提下，用系统化的思想和原则，有效协调、综合管理，选择合理的配送线路、配送车辆和送货人员，使每位客户在预定的时间内收到所订购的物品。

2. 可靠性

输配送作业的任务就是要将物品完好无损地送到目的地。影响可靠性的因素有物品的装卸、运送过程中的机械振动和冲击及其他意外事故、客户地点及作业环境、送货人员的素质等。因此在配送管理中必须注意可靠性原则。

3. 沟通性

输配送作业是配送的末端服务，通过送货上门服务直接与客户接触，是与客户沟通最直接的桥梁，它不仅代表着企业的形象和信誉，还在沟通中起着非常重要的作用。所以必须充分利用与客户沟通的机会，提高企业的信誉，为客户提供更优质的服务。

4. 便利性

配送以服务为目标，以最大限度地满足客户要求为宗旨，因此，应尽可能地让客户享受到便捷的服务。通过采用高弹性的输配送系统，如采用急送货、顺道送货与退货、辅助资源回收等方式，为客户提供真正意义上的便利服务。

5. 经济性

实现一定的经济利益是企业运作的基本目标，因此，对合作双方来说，以较低的费用完成输配送作业是企业建立双赢机制、加强合作的基础。所以不仅要满足客户的要求，提供高质量、及时方便的配送服务，还必须提高配送效率，加强成本管理与控制。

学习情境2　输配送作业流程

知识点：输配送基本作业流程。

关键技能点：熟悉输配送基本作业流程，了解输配送基本作业流程的注意事项。

工作任务1：熟悉输配送基本作业流程。

☞ **知识窗**：输配送的基本作业流程（见图1-33）

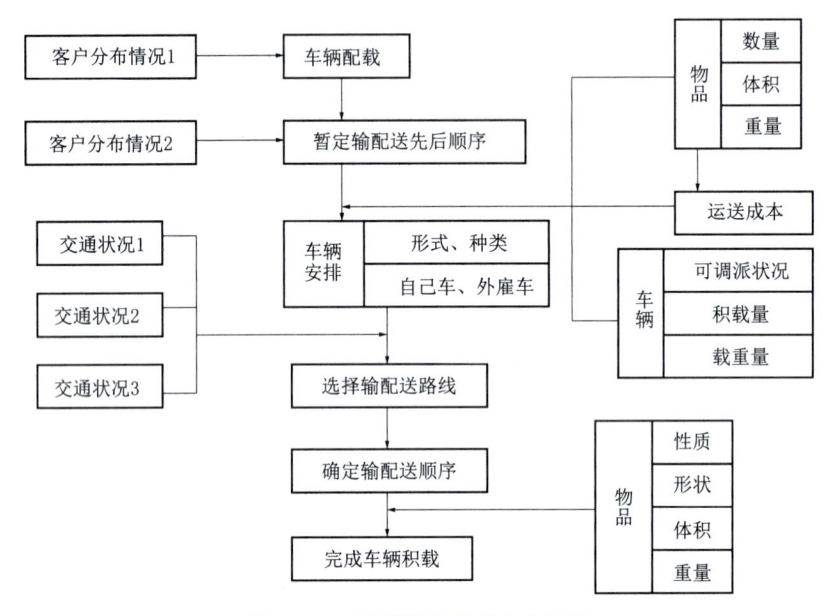

图1-33 输配送的基本作业流程

1. 划分基本输配送区域

首先将客户所在的具体位置做较系统的统计，并做区域上的整体划分，再将每一客户包括在不同的基本输配送区域中，以作为配送决策的基本参考。如按行政区域或按交通条件划分不同的输配送区域，在区域划分的基础上再做弹性调整来安排输配送顺序。

2. 车辆配载

由于配送物品品种、特性各异，为提高输配送效率，确保物品质量，首先必须对特性差异大的物品进行分类。在接到订单后，将物品按特性进行分类，分别采取不同的输配送方式和运输工具，如按冷冻食品、速食品、散装物品、箱装物品等物品类别进行分类配载。其次，配送物品也有轻重缓急之分，必须初步确定哪些物品可配于同一辆车，哪些物品不能配于同一辆车，以做好车辆的初步配载工作。

3. 暂定输配送先后顺序

在考虑其他影响因素，做出确定的输配送方案前，应先根据客户订单的输配送时间将输配送的先后顺序大致进行预计，为车辆积载做好准备工作。计划工作的目的是保证达到既定的目标，所以，预先确定基本输配送顺序可以有效地保证送货时间，提高运作效率。

4. 车辆安排

车辆安排要解决的问题是安排什么类型、吨位的配送车辆进行最后的输配送。一般企业拥有的车型有限，车辆数量也有限。当企业的自有车辆无法满足需求时，可使用外雇车辆。在保证输配送运输质量的前提下，是组建自营车队，还是以外雇车为主，

5. 选择送货线路

确定了每辆车负责配送的具体客户后，如何以最快的速度完成对物品的配送，即如何选择配送距离短、配送时间短、配送成本低的路线，就必须对客户的具体位置、沿途的交通情况等做出优先选择和判断。除此之外，还必须考虑有些客户或其所在地点对送货时间、车型等方面的特殊要求，如有些客户不在中午或晚上收货，有些道路在某高峰期实行特别的交通管制等。

6. 确定最终的输配送顺序

做好车辆安排及选择好最佳的配送线路后，依据各车负责配送的先后顺序，即可将客户的最终送货顺序加以确定。

7. 完成车辆积载

明确客户的输配送顺序后，接下来就是如何将物品装车，按什么次序装车的问题，即车辆的积载问题。原则上，确定了客户的输配送顺序之后，只要将物品依"后送先装"的顺序装车即可。但有时为了有效利用空间，可能还要考虑物品的性质（怕震、怕压、怕撞、怕潮）、形状、体积及重量等做出弹性调整。此外，对于物品的装卸方法也必须考虑物品的性质、形状、重量、体积等因素后再做具体决定。

工作任务2：掌握输配送作业流程的注意事项。

☞ *知识窗*：

在以上各阶段的操作过程中，需注意以下几点：
(1) 明确订单内容。
(2) 了解物品的性质。
(3) 明确具体送货地点。
(4) 适当选择输配送车辆。
(5) 选择最优的输配送线路。
(6) 充分考虑各作业点的装卸货时间。

学习情境3　输配送作业管理

知识点：收货管理、存货管理、发货管理、信息管理、财务管理。
关键技能点：熟悉输配送作业管理中的各个工作环节。

工作任务：熟悉输配送作业管理中的各个工作环节。

☞ *知识窗1：收货管理*

全面贯彻实施民法典

这是配送中心物流管理的第一个环节，其核心任务是将总部订购的来自各个生产厂家的商品汇集到配送中心，经过一系列的收货流程，按照规定的储存方法将物品置于合适的地点。

☞ *知识窗2：存货管理*

这是指对商品的储存管理。商品在仓库里的储存系统有两种模式：一种是商品群系统，另一种是货位系统。前者是指将同类商品集中放于一处，后者包括货位的编号。两种储存系统各具优缺点，商品群系统定位容易，但搬运困难；货位系统定位复杂，但方便调运。无论采用哪一种商品储存方法，其核心目的都是减少储存费用。

☞ *知识窗3：发货管理*

这是配送中心物流管理的最后一个环节，目的是把商品准确而又及时地输配送给各个客户。这就要求采用经济科学的配货方法和配货流程，在现代信息管理设备的辅助下，顺利完成这一管理职能。

☞ *知识窗4：信息管理*

信息流系统和输配送系统是结合在一起发生作用的，是支撑物流企业的两个车轮。可以说，信息流系统流畅与否直接决定着输配送系统的流畅程度，它主要表现在三个方面：一是提高订货与收货的精确性；二是及时掌握各处分店的信息；三是缓解人力不足等问题。因此，做好配送中心信息管理工作，对物流企业的发展至关重要。

☞ *知识窗5：财务管理*

配送中心因类型不同承担着不同的财务职能，特别是总部授权进货或参与进货的配送中心，财务管理是其内部职能之一。随着配送中心由自营型向共营型等社会化形态转变，财务职能将日益独立。

实训场景9
任务实训

小结

仓储、配送的作业流程本质上属于物流作业流程，是规划仓储、配送中心的基础。高效完善的仓储、配送作业管理可以使整个物流运营更合理，从而可以最佳服务、最低的成本，达到最高质量的服务。

该模块围绕仓储、配送的九大基本作业流程进行了阐述。分别从认知每个作业流程中各环节的含义、作用、特点、分类和操作步骤，了解每个作业的设计原则、规划目标和流程管理，掌握各作业的效率评估及改善措施等方面阐述了配送中心的作业管理。

主要概念

进货作业，储存作业，盘点作业，订单处理作业，拣货作业，补货作业，出货作业，搬运作业，输配送作业，配送中心的作业流程设计主要目标，降低物流运营总成本和缩短补货时间，电子化运作的配送中心订单处理作业，EOS 系统，EDI（电子数据交换），进货作业的订货、接货、验收和储存四个环节，拣货和配货作业的拣选、加工、包装和配装环节，出货作业的装车和送货两个作业项目，ABC库存分类法，盘点检查和方法，搬运作业的改善，输配送作业管理。

技能训练

一、单选题

1. 配送中心的基本作业流程不包括_____环节。
   A. 盘点　　　　　B. 出货　　　　　C. 包装　　　　　D. 搬运
   答案：C

2. 一般卸货码头为作业安全与方便起见，常见有____设施。
   A. 三种　　　　　B. 四种　　　　　C. 五种　　　　　D. 六种
   答案：B

3. "第一数字组代表物品的类别，第二数字组代表物品的形状，第三数字组代表物品的供应商，第四数字组代表物品的尺寸，至于每一个字组的位数多少要视实际需要而定"，这是物品编号方法的_____。
   A. 实际意义编号法　　　　　B. 数字分段法
   C. 流水号编号法　　　　　　D. 分组编号法
   答案：D

4. _____可以说是现代配送中心的典型流程，主要特点是有较大的储存场所，分货、拣选、配货场所及装备也较大。
   A. 不带储存库的配送中心流程　　　B. 批量转换型配送中心流程
   C. 带储存库的配送中心流程　　　　D. 集货配送中心的一般流程
   答案：D

5. 配送中心的效益主要来自_____。
   A. 统一经营、统一配送　　　　B. 统一进货、统一销售
   C. 统一进货、统一配送　　　　D. 统一经营、统一销售
   答案：C

二、多选题

1. 输配送通常是一种_____的运输形式。
   A. 短距离　　　　B. 大批量　　　　C. 小批量　　　　D. 高频率
   答案：ACD

2. 拣货信息成为拣货作业规划设计中重要的一环，使用_____等的传递方式来支援拣货系统。
   A. 自动传输无纸化系统　　　　B. 条码
   C. 传真　　　　　　　　　　　D. 电脑
   答案：ABD

3. 补货方式的分类标准有_____。
   A. 按每次补货量区分　　　　B. 按补货周期区分

C. 按其他补货方式区分　　　　　　D. 按补货工人区分

答案：ABC

4. 依照日本工业规格（JIS）划分，出货包装分为_____三种。

A. 整装　　　　B. 个装　　　　C. 内装　　　　D. 外装

答案：BCD

5. 产品包装的特殊技法包含_____。

A. 防震包装技法　　　　　　　　B. 对松泡产品进行压缩

C. 防霉包装技法　　　　　　　　D. 防锈包装技法

答案：ACD

三、简答题

1. 指出进货作业系统的设计原则。
2. 一个高效的订单处理系统能够给配送中心带来什么益处？
3. 从哪些方面来建立客户主档？
4. 储存作业的目标有哪些？
5. 简述搬运作业的过程分析（过程图）。

模块二
主管岗位技能夯实篇

工匠精神

每个学习小组完成"实训任务工单"的原始情况系列登记表

(1) 每个学习小组完成"实训任务工单"数量的统计表

班级：　　　　　　　　统计人：　　　　　　　　完成时间：　　年　月　日

组别	独立完成的"工单"数量	备注	组别	独立完成的"工单"数量	备注	组别	独立完成的"工单"数量	备注
第一组			第二组			第三组		
第四组			第五组			第六组		
第七组			第八组			第九组		

(2) 每个"实训任务工单"与所完成学习小组的对应情况登记表

班级：　　　　　　　　统计人：　　　　　　　　完成时间：　　年　月　日

"工单"所在的实训场景	"工单"号码与所完成的组别	"工单"号码与所完成的组别	"工单"号码与所完成的组别	"工单"号码与所完成的组别	"工单"号码与所完成的组别	"工单"号码与所完成的组别	"工单"号码与所完成的组别	"工单"号码与所完成的组别	"工单"号码与所完成的组别
1									
2									
3									
4									
5									
6									
7									
8									
9									
10									
11									
12									
13									

(3) 班级中每个学习小组完成"实训任务工单"的情况统计表

班级：　　　　　统计人：　　　　完成时间：　　年　月　日　　核定人：　　　　完成时间：　　年　月　日

说明：1. "工单"号表示方法举例："5-1"；2. 拥有的积分，10分/题；3. 外购，5分/题；4. 积分盈余＝拥有的积分－积分消耗合计－基础分100，其中100分为基础分常数，由组长按照组员的贡献度，分配到组员个人名下，"积分盈余"的分数中，"分配到个人"表示方法举例：乐永康：+4分；6. 全班原则上按照每组5人，要求至少有一名异性同学；7. 小组"实训任务工单"完成的贡献度，由组长根据组员的贡献度给予系数表教的分配，小组的总系数为人数之和。

组别	独立完成"工单"的情况		拥有的积分	外购的情况			可以完成"工单"的情况		积分盈余情况		备注
	"工单"号	数量/个	分/分	积分消耗/分	"工单"号	被购买的组别	"工单"号	数量/个	数量	分配到个人	
第一组											

续表

组别	独立完成"工单"的情况		拥有的积分/分	外购的情况			可以完成"工单"的情况		积分盈余情况		备注
	数量/个	"工单"号		积分消耗/分	"工单"号	被购买的组别	数量/个	"工单"号	数量	分配到个人	
第二组											
第三组											

续表

每个学习小组完成"实训任务工单"的原始情况系列登记表

组别	独立完成"工单"的情况		拥有的积分/分	外购的情况			可以完成"工单"的情况		积分盈余情况		备注
^	数量/个	"工单"号	^	积分消耗/分	"工单"号	被购买的组别	数量/个	"工单"号	数量	分配到个人	^
第四组											
第五组											

续表

组别	独立完成"工单"的情况		拥有的积分/分	外购的情况				可以完成"工单"的情况		积分盈余情况		备注
	数量/个	"工单"号		积分消耗/分	"工单"号	被购买的组别	数量/个	数量/个	"工单"号	数量	分配到个人	
第六组												
第七组												

续表

组别	独立完成"工单"的情况		拥有的积分/分	外购的情况			可以完成"工单"的情况		积分盈余情况		备注
	数量/个	"工单"号		积分消耗/分	"工单"号	被购买的组别	数量/个	"工单"号	数量	分配到个人	
第八组											
第九组											

每个学习小组完成"实训任务工单"的原始情况系列登记表

实训场景 1
仓储与配送相关单证

[知识点]

(1) 储存作业的主要任务：在于把将来要使用或者要出货的物料进行保存，且经常要做库存品的检查控制，不仅要善于利用空间，也要注意存货的管理。尤其是配送中心与传统仓库的营运形态不同，储存更要注意空间运用的弹性及存量的有效控制。

(2) 储存的一般原理：依照物品特性来储存，大批量使用大储区，小批量使用小储区；能安全有效率地使适合储于高位的物品使用高储区，笨重、体积大的物品储存在较坚固的层架及接近出货区；轻量品储存于有限的载荷层架；将相同或相似的物品尽可能接近储存；出库量慢的物品或小、轻及容易处理的物品使用较远的储区；周转率低的物品尽量远离进货、出货及仓库较高的区域；周转率高的物品尽量放于接近出货区及较低的区域；服务设施应选在低层楼区等。

(3) 储存作业的目标：空间的最大化使用，劳力及设备的有效使用，所有物品都能随时存取，物品的有效移动，物品品质良好的保护，良好的管理。

[关键技能点]：正确制作仓储与配送相关单证。

[背景材料 1]

上海××物流有限公司是一家 TPL 公司。5 月 26 日，上海联亚化工有限公司送来 DD611XF 粉粒状产品 5 500 kg，共 100 箱，收货后存放于 A 处（桩脚 419 - 43，期初数：880 kg）；DD610XG 粉粒状产品 2 000 kg，共 20 箱，收货后存放于 B 处（桩脚 419 - 60，期初数：500 kg）。同日，上海宏祁贸易有限公司打来电话，要求 5 月 27 日送 DD611XF 粉粒状产品 3 300 kg，DD610XG 粉粒状产品 1 000 kg。5 月 28 日，上海太平洋化工厂送来 DD611XF 粉粒状产品 4 400 kg，共 80 箱，收货后存放于 C 处（桩脚 419 - 73）。5 月 29 日，上海太平洋化工厂又送来 DD611XF 粉粒状产品 3 300 kg，共 60 箱，收货后存放于 D 处（桩脚 419 - 88）。

[操作与实训任务 1]

(1) 填制库存动态表（见表 2 - 1）、物资分批进库明细单（见表 2 - 2）、配送通知单（见表 2 - 3）、内部提货单（见表 2 - 4）。

(2) 学生每 5 人分成 1 组，以效率（完成时间最短）和正确性作为评分标准。

表 2 - 1　××仓库××物品库存动态表

日期	品名	期初数	进库量	出库量	期末数

续表

日期	品名	期初数	进库量	出库量	期末数
周计					

表 2-2 物资分批进库明细单

货主单位： 日期： 月 日

进仓日期	品名	件数	重量/kg	桩脚	备注
合计					

填表人：

表 2-3 配送通知单

货主单位： 日期： 月 日 编号：

送货单位	编号	品名	批号、规格	发货数量	提货单号	备注

仓管员： 配送员： 制单人：

表 2-4 内部提货单

货主单位	品名	桩脚	提单号码	重量/kg	数量/件	总重量/t

提货单位	开单日期	数量/件	提货重量/t	未提数量/件	未提重量/kg	提货日期

[任务完成的记录1]

[背景材料2]

深圳食品进出口公司从深圳梅林罐头厂买入一批"梅林"牌午餐肉（397g×24 听/箱）罐头（商品编号为 MAL397），出口装运期间分批装运出口。进仓的具体日期如下：1月8日进仓"梅林"牌午餐肉500箱，5月18日进仓"梅林"牌午餐肉200箱，6月12日进仓中性包装午餐肉100箱（商品编号为 ZHX397），6月18日进仓"梅林"牌午餐肉400箱，上述商品单价均为240元，纸箱装。

9月11日出口"梅林"牌午餐肉900箱，外销合同号是 SC12002。

仓库等情况说明：仓库为食品一库，500箱放在 C-1 仓位，400箱放在 C-2 仓位，200箱放在 A-1 仓位，100箱放在 A-2 仓位，进仓单编号从 J00001 顺序进行编排，制单时间是出入库的前一天。中性包装午餐肉的外销合同号是 SC12001。数量在运输途中没有损耗，件数的计量单位同数量单位。

[操作与实训任务2]

（1）请分别开出进仓单（见表2-5～表2-8）。

表 2-5　深圳食品进出口公司商品进仓单1

供货单位：　　　　　　　制单时间：　　　　　　　编号：
仓库/仓位：　　　　　　　入库时间：　　　　　　　外销合同号：

商品编号	品名及规格	包装	件数	数量		单位	单价	金额
				原发数	实收数			

保管员：　　　　　　　入库员：　　　　　　　业务制单员：

表 2-6　深圳食品进出口公司商品进仓单2

供货单位：　　　　　　　制单时间：　　　　　　　编号：
仓库/仓位：　　　　　　　入库时间：　　　　　　　外销合同号：

商品编号	品名及规格	包装	件数	数量		单位	单价	金额
				原发数	实收数			

保管员：　　　　　　　入库员：　　　　　　　业务制单员：

表 2-7　深圳食品进出口公司商品进仓单 3

供货单位：　　　　　　　　制单时间：　　　　　　　　编号：
仓库/仓位：　　　　　　　　入库时间：　　　　　　　　外销合同号：

商品编号	品名及规格	包装	件数	数量		单位	单价	金额
				原发数	实收数			

保管员：　　　　　　　　　入库员：　　　　　　　　　业务制单员：

表 2-8　深圳食品进出口公司商品进仓单 4

供货单位：　　　　　　　　制单时间：　　　　　　　　编号：
仓库/仓位：　　　　　　　　入库时间：　　　　　　　　外销合同号：

商品编号	品名及规格	包装	件数	数量		单位	单价	金额
				原发数	实收数			

保管员：　　　　　　　　　入库员：　　　　　　　　　业务制单员：

（2）请按照"先进先出"的原则开出一张出仓单（见表 2-9）。

表 2-9　深圳食品进出口公司商品出仓单

仓库：　　　　　　　　　　制单时间：　　　　　　　　编号：
仓位：　　　　　　　　　　出库时间：　　　　　　　　外销合同号：

商品编号	品名及规格	包装	件数	数量		单位	单价	金额
				原发数	实收数			

保管员：　　　　　　　　　出库员：　　　　　　　　　业务制单员：

（3）学生每 5 人分成 1 组，以效率（完成时间最短）和正确性作为评分标准。

[任务完成的记录 2]

[背景材料 3]

郑州华德永佳地毯有限公司（简称"华德公司"）于 6 月 7 日收到客户编号为 KH-BH001 的原材料供应商内蒙古兴安盟商贸总公司发来的一批原材料。应收产品包括：

01，羊毛 Aa，产品编号 CPBH001a，袋装，60kg/袋，共计 20 袋；

02，羊毛 Bb，产品编号 CPBH002b，袋装，60kg/袋，共计 20 袋；

03，羊毛 Ca，产品编号 CPBH003a，袋装，60kg/袋，共计 20 袋；

04，羊毛 Db，产品编号 CPBH004b，袋装，60kg/袋，共计 20 袋。

华德公司仓库保管员程欣然收到该批产品入库通知单（RKTZD001），编制作业计划单号为 RKD001 的入库单，将该批原材料存放于编号为 KF001 的库房。但在入库验收中发现羊毛 Db 质量没过关，包装出现破损，要求产品编号为 CPBH004b 的羊毛 Db 全部退货。于是程欣然于当时编制作业计划为 CKD001 的退货申请单，退货单号是 THDH001，要求内蒙古兴安盟商贸总公司更换产品编号为 CPBH004b 的羊毛 Db（其中送货单号是 SHDH001）。

其他合格产品暂放在编号为 KF001 库房的暂存区，待产品（羊毛 Db）更换完毕后一起入库。

[操作与实训任务 3]

如果你是程欣然，请根据上述信息完成退货申请单的缮制及暂存产品的入库单缮制（见表 2-10）。

表 2-10 入库单

作业计划单号：

库房				□正常商品	□暂存商品		□退换货	
客户名称				客户编号		制单时间		
入库单通知号				应收总数		实收数量		
商品名称	商品编号	规格	单位	应收数量	实收数量	货位号	批号	备注
保管员				制单人				

[任务完成的记录 3]

[背景材料 4]

5 月 23 日丰台区李宁专卖店仓库收到编号 BH001 李宁上海生产厂的一批产品，应收产品详情：

01，运动服 A1S，产品编号 A011，袋装，1 套/袋，共计 100 袋，存放于编号为

HW001a 的货位，批号为 0523；

02，运动服 A2M，产品编号 A012，袋装，1 套/袋，共计 100 袋，存放于编号为 HW001b 的货位，批号为 0523；

03，运动服 A3L，产品编号 A013，袋装，1 套/袋，共计 100 袋，存放于编号为 HW001c 的货位，批号为 0523；

04，运动服 B2S，产品编号 B021，袋装，1 套/袋，共计 100 袋，存放于编号为 HW002a 的货位，批号为 0523。

专卖店仓库保管员程浩收到该批产品入库通知单 RKTZD001，编制作业计划单号为 RKD001 的入库单，将该批产品存放于编号为 KF001 的库房。

[操作与实训任务 4]

请根据题干信息，完成入库单的缮制（见表 2-11）。

表 2-11 入库单

作业计划单号：

库房：				□正常商品	□暂存商品	□退换货	
客户名称				客户编号		制单时间	
入库单通知号				应收总数		实收数量	
商品名称	商品编号	规格	单位	应收数量	实收数量	货位号	批号	备注
保管员				制单人			

[任务完成的记录 4]

[背景材料 5]

郑州华德永佳地毯有限公司（简称"华德公司"）于 6 月 7 日收到客户编号为 KH-BH001 的原材料供应商内蒙古兴安盟商贸总公司的发来一批原材料。应收产品包括：

01，羊毛 Aa，产品编号 CPBH001a，袋装，60 kg/袋，共计 20 袋；

02，羊毛 Bb，产品编号 CPBH002b，袋装，60 kg/袋，共计 20 袋；

03，羊毛 Ca，产品编号 CPBH003a，袋装，60 kg/袋，共计 20 袋；

04，羊毛 Db，产品编号 CPBH004b，袋装，60 kg/袋，共计 20 袋。

华德公司仓库保管员程欣然收到该批产品入库通知单（RKTZD001），编制作业计划单号为 RKD001 的入库单，将该批原材料存放于编号为 KF001 的库房。但在入库验收中发现羊毛 Db 质量没有过关，包装出现破损，要求产品编号为 CPBH004b 的羊毛 Db 全部退货。于是程欣然当时编制作业计划为 CKD001 的退货申请单，退货单号是 THDH001，要求内蒙古兴安盟商贸总公司更换产品编号为 CPBH004b 的羊毛 Db（其中送货单号是 SHDH001）。

其他合格产品暂放在编号为 KF001 库房的暂存区，待产品（羊毛 Db）更换完毕后一起入库。10 日产品编号为 CPBH004b 的羊毛 Db 送到后，将所有产品存放在仓库 KF001 中相应的储位，保管员是程欣然，程欣然编制储位分配单 CWFPD001。

当前仓库 KF001 的储位情况如下：

HW406 的货位（空），HW407 的货位（空），HW408 的货位（空），HW409 的货位（空），其中距出库理货区由近及远为：HW409 的货位（空），HW408 的货位（空），HW407 的货位（空），HW406 的货位（空）。

每个储位最多可放羊毛 20 袋；羊毛 Aa、羊毛 Bb、羊毛 Ca、羊毛 Db 依次出入库频率降低。

[操作与实训任务 5]

如果你是程欣然，请根据上述信息完成储位分配单的缮制（见表 2-12）。

表 2-12　储位分配单

操作编号：

作业单号				库房		
制单人				日期		
商品明细							
序号	位置	商品名称	规格	批次	应放	实放	单位	备注

[任务完成的记录 5]

[背景材料6]

郑州华德永佳地毯有限公司（简称"华德公司"）于6月7日收到客户编号为KH-BH001的原材料供应商内蒙古兴安盟商贸总公司发来的一批原材料。应收产品包括：

01，羊毛Aa，产品编号CPBH001a，袋装，60 kg/袋，共计20袋；

02，羊毛Bb，产品编号CPBH002b，袋装，60 kg/袋，共计20袋；

03，羊毛Ca，产品编号CPBH003a，袋装，60 kg/袋，共计20袋；

04，羊毛Db，产品编号CPBH004b，袋装，60 kg/袋，共计20袋。

华德公司仓库保管员程欣然收到该批产品入库通知单（RKTZD001），编制作业计划单号为RKD001的入库单，将该批原材料存放于编号为KF001的库房。但在入库验收中发现羊毛Db质量没有过关，包装出现破损，要求产品编号为CPBH004b的羊毛Db全部退货。于是程欣然于当时编制作业计划为CKD001的退货申请单，退货单号是THDH001，要求内蒙古兴安盟商贸总公司更换产品编号为CPBH004b的羊毛Db（其中送货单号是SHDH001）。

[操作与实训任务6]

请根据以上资料信息填写完整退货申请单（见表2-13）。

表2-13 退货申请单

客户名称				申请日期		
退货单号	商品名称	规格	数量	送货单号	退货原因	备注
制单人		仓库人员		财务		

[任务完成的记录6]

[背景材料7]

5月23日丰台区李宁专卖店仓库收到编号BH001李宁上海生产厂的一批产品。收到产品详情：

01，运动服A1S，产品编号A011，袋装，1套/袋，共计100袋，存放于编号为HW001a的货位，批号为0523；

02，运动服A2M，产品编号A012，袋装，1套/袋，共计100袋，存放于编号为HW001b的货位，批号为0523；

03，运动服 A3L，产品编号 A103，袋装，1 套/袋，共计 100 袋，存放于编号为 HW001c 的货位，批号为 0523；

04，运动服 B2S，产品编号 B021，袋装，1 套/袋，共计 100 袋，存放于编号为 HW002a 的货位，批号为 0523。

专卖店仓库保管员程浩收到该批产品入库通知单 PKTZD001，编制作业计划单号为 RKD001 的入库单，将该批产品存放于编号为 KF001 的库房。

丰台区李宁专卖店需要 23 日收到的运动服各 30 套，24 日，拣货负责人张邱菊编制并填写拣货单 JHD001（操作编号为 JHD001），并将拣选产品送至店面。当日，程浩又将该仓库中因掉色而无法出售的衣服退货给李宁上海生产厂并填写退货申请单。其中，运动服 SIS，10 件，退货单号是 THDH001，送货单号是 SHDH003；短裤 CIS，8 件，退货单号是 THDH002，送货单号是 SHDH007；运动上衣 DKS，2 件，退货单号是 THDH003，送货单号是 SHDH017。

[操作与实训任务 7]

请根据题干信息，完成退货申请单的缮制（见表 2-14）。

表 2-14　退货申请单

客户名称				申请日期		
退货单号	品名	规格	数量	送货单号	退货原因	备注
制单人		仓库人员			财务	

[任务完成的记录 7]

[背景材料 8]

由于近期盛威仓库业务较多，公司在 4 月 29 日发出编号为 PD001 的盘点指令，要求在 4 月 30 日对仓库 CK02 进行一次大的盘点。程俊俊作为仓库 CK02 的负责人在盘点过程中使用了三辆叉车、五名库工。

结果发现仓库一区 A10204 货位上的台灯 NA 实际数量为 29 箱，而账面数量为 30 箱。仓库二区 B10204 货位上的台灯 MR 实际数量为 31 箱，而账面数量为 30 箱。程俊俊负责回单，复核人为张军。

[操作与实训任务 8]

如果你是程俊俊，请按要求完成盘点单的缮制（见表 2-15）。

表 2－15　盘点单

编号：

下达日期			执行日期			
目标仓库			负责人		回单人	
调用资源							
资源名称		负责人			数量		
商品信息							
区	储位	品名	型号	账面数量	实际数量	盈亏数量	损坏数量	备注
仓库负责人				复核人			

[**任务完成的记录** 8]

[**背景材料** 9]

某仓库中由于产品编号为 CPBHJ5 金纺衣物护理剂 500 mL／袋（600 箱），属于出库频率较高的商品，于凯作为仓库 CK01 的一名负责人（于凯负责回单），5 月 20 日接到仓储经理编号为 YKD001 的移库通知，要求在 5 月 21 日完成移库作业。具体内容如下：使用两台叉车，操作工两名，把 A 区 02 储位上的货（库区负责人：张志）移到 C 区 01 储位上（库区负责人：王彬）。

[**操作与实训任务** 9]

请按要求完成移库单的缮制（见表 2－16）。

表 2－16　移库单

编号：

下达日期			执行日期		
原库负责人		目的库负责人		回单人	
调 用 资 源					
资源名称		负责人		数量	

续表

商品信息							
品名	单位	源位置	目标位置	应拣数量	实拣数量	实存数量	备注
原库负责人		目的库负责人		拣货负责人			

[**任务完成的记录9**]

[**背景材料10**]

10月26日，青岛金椰王食品有限公司销售部王刚收到河北唐山玉田食品批发公司采购部李兴的订货单，要求订购一批产品，于10月29日8：00送到唐山玉田食品有限公司配送中心。10月27日，仓储管理员许飞根据订单要求编制编号为JHD032的拣货单，10月27日晚6时，许飞根据订单要求和资源编制编号为CKD001的出库单，其中物品信息如下：

01，椰丝，产品编号CP01，箱装，100 kg/箱，要求10箱，物品重量1.00 t；
02，椰蓉，产品编号CP02，箱装，100 kg/箱，要求20箱，物品重量2.00 t；
03，椰浆，产品编号CP03，箱装，100 kg/箱，要求8箱，物品重量0.80 t。

金椰王食品有限公司的物品堆放的信息如下：

01，椰丝，产品编号CP01，箱装，100 kg/箱，存放于编号CK02的仓库一区；
02，椰蓉，产品编号CP02，箱装，100 kg/箱，存放于编号CK02的仓库二区；
03，椰浆，产品编号CP03，箱装，100 kg/箱，存放于编号CK02的仓库一区。

将所有物品集齐后转到仓库CKL001D的暂存一区进行存放，等待收到发货通知单FHTZD001，于10月28日装运上车。

拣货工作由仓库CKL001D的负责人康金负责，并负责回单。10月28日由唐山玉田食品批发公司配送中心负责人李云将物品提取装车运走。

由于产品编号CP02椰蓉（200箱），属于出库频率较低的商品，许飞作为仓库CK02的一名负责人（许飞负责回单），2019年11月1日接到仓储经理编号为YKD001的移库通知，要求在11月5日完成移库作业。具体内容如下：使用两台叉车，操作工两名，把二区02储位上的货（库区负责人：张晓）移到三区01储位上（库区负责人：吴彬）。

[**操作与实训任务10**]

请根据题干信息，完成移库单缮制（见表2-17）。

表2-17 移库单

编号：

下达日期			执行日期		
原库负责人		目的库负责人		回单人	
调用资源					
资源名称	负责人		数量		
商品信息					
品名	单位	原位置	目标位置	应拣数量	实拣数量	实存数量	备注
原库负责人		目的库负责人		拣货负责人	

[任务完成的记录10]

[背景材料11]

湘润超市与湘通配送中心签订了日配协议，要求每天早上5时按前一天晚上的订单送货。湘润超市所在地只容许1.5t的货柜车通过。湘通配送中心现有配送路线四条，分别为芙蓉区路线、雨花区路线、岳麓区路线、开福区路线。湘润超市资料如下：

地址：芙蓉区远大路53号；

法人：周丹；

联系方式：电话为0731-81234567，邮箱为1234567@qq.com。

经调查研究，湘通配送中心根据贡献值把湘润超市的客户等级定为B级，信用级别考核定为二级，客户编号为4321。湘通配送中心建立该客户档案。

[操作与实训任务11]

请填写湘润超市的客户档案内容（见表2-18）。

表 2 – 18　客户档案

项目	资料	备注
客户名称		
客户编号		
所在地址		
法人姓名		
联系方式		
客户等级		
信用级别		
配送路线		
配送类型		
配送车辆类型		

[任务完成的记录 11]

[背景材料 12]

4 月 15 日，温州盛威电子有限公司（简称"盛威"）销售部程军收到南京润泰小家电市场采购部李成军的订货单，要求订购一批产品，于 4 月 20 日 8 时送到南京润泰小家电市场仓库。

4 月 15 日，仓储管理员周淑芬根据客户订单要求编制编号为 JHD001 且作业单号为 ZYDH021 拣货单。

南京润泰小家电市场订货信息：

01，台灯 NA，产品编号 CPBH001A，8 个/箱，50 箱；

02，台灯 MR，产品编号 CPBH001B，8 个/箱，50 箱；

03，宠物灯 CA，产品编号 CPBH002A，12 个/箱，20 箱；

04，宠物灯 CK，产品编号 CPBH002B，12 个/箱，20 箱；

05，宠物灯 CF，产品编号 CPBH002C，12 个/箱，20 箱。

威盛仓库的物品堆放信息如下：

01，台灯 NA，批次为 0321，存放于编号 CK02 的仓库一区；

02，台灯 MR，批次为 0319，存放于编号 CK02 的仓库二区；

03，宠物灯 CA，批次为 0308，存放于编号 CK02 的仓库三区；

04，宠物灯 CK，批次为 0201，存放于编号 CK02 的仓库四区；

05，宠物灯 CF，批次为 0121，存放于编号 CK02 的仓库五区。

[操作与实训任务 12]

请根据要求完成拣货单的缮制（见表 2-19）。

表 2-19 拣货单

操作编号：

作业单号					库房			
制单人					日期			
商品明细									
序号	位置	商品名称	规格	批次	应拣数量	实拣数量	单位	备注

[任务完成的记录 12]

[背景材料 13]

5月23日丰台区李宁专卖店仓库收到编号BH001李宁上海生产厂的一批产品。收到产品详情：

01，运动服A1S，产品编号A011，袋装，1套/袋，共计100袋，存放于编号为HW001a的货位，批号为0523；

02，运动服A2M，产品编号A012，袋装，1套/袋，共计100袋，存放于编号为HW001b的货位，批号为0523；

03，运动服A3L，产品编号A013，袋装，1套/袋，共计100袋，存放于编号为HW001c的货位，批号为0523；

04，运动服B2S，产品编号B021，袋装，1套/袋，共计100袋，存放于编号为HW002a的货位，批号为0523。

专卖店仓库保管员程浩收到该批产品入库通知单RKTZD001，编制作业计划单号为RKD001的入库单，将该批产品存放于编号为KF001的库房。

丰台区李宁专卖店需要23日收到的运动服各30套，24日，拣货负责人张邱菊编制并填写拣货单JHD001（且操作编号为JHD001），并将拣选物品送至店面。

[操作与实训任务 13]

请根据题干信息，完成拣货单的缮制（见表 2-20）。

表 2-20　拣货单

操作编号：

作业单号					库房			
制单人					日期			
商品明细									
序号	位置	商品名称	规格	批次	应拣数量	实拣数量	单位	备注

[**任务完成的记录** 13]

[**背景材料** 14]

华达配送中心于 3 月 7 日 16 时 20 分收到三星超市订单（见表 2-21），要求采取摘果式拣选方法进行备货，华达配送中心拣选作业一般采用小推车人工拣选。

表 2-21　三星超市订单

供货单位：华达配送中心　　　交货日期：03-09　　　下单日期：03-07

订单号	030118	送达单位		三星超市
商品种类	商品名称		包装单位	数量
食品	康师傅方便面		盒	6
	娃哈哈纯净水 250 mL		瓶	10
	娃哈哈纯净水 596 mL		瓶	10
	旺旺牛奶		罐	6
	旺旺雪饼		袋	6

制单人：刘艳　　　主管：张山

[**操作与实训任务** 14]

请在图 2-1 中标出作业路线，说明作业步骤。

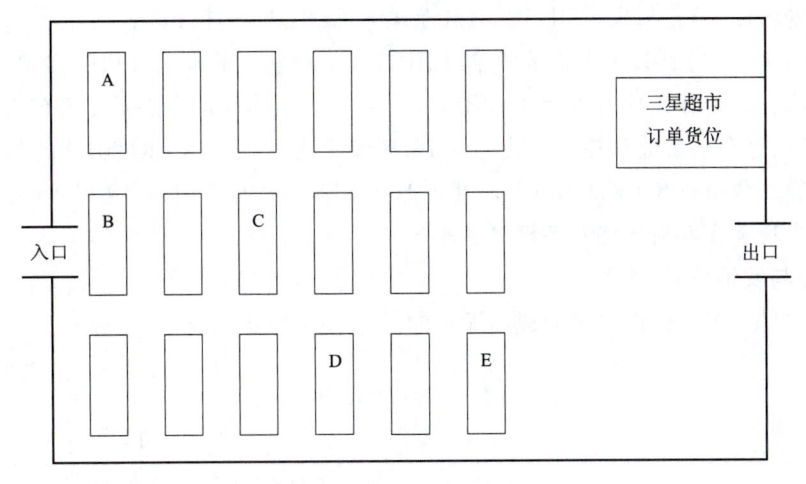

图 2-1　作业路线

注：A 表示娃哈哈纯净水 596 mL；B 表示娃哈哈纯净水 250 mL；C 表示旺旺牛奶；D 表示旺旺雪饼；E 表示康师傅方便面。

[任务完成的记录 14]

[背景材料 15]

4 月 15 日，温州盛威电子有限公司（简称"盛威"）销售部程军收到南京润泰小家电市场采购部李成军的订货单，要求订购一批产品，于 4 月 20 日 8 时送到南京润泰小家电市场仓库。

4 月 15 日，仓储管理员周淑芬根据客户订单要求编制编号为 JHD001 且作业单号为 ZYDH021 拣货单。

南京润泰小家电市场订货信息：

01，台灯 NA，产品编号 CPBH001A，8 个/箱，50 箱；

02，台灯 MR，产品编号 CPBH001B，8 个/箱，50 箱；

03，宠物灯 CA，产品编号 CPBH002A，12 个/箱，20 箱；

04，宠物灯 CK，产品编号 CPBH002B，12 个/箱，20 箱；

05，宠物灯 CF，产品编号 CPBH002C，12 个/箱，20 箱。

盛威仓库的物品堆放信息如下：

01，台灯 NA，批次为 0321，存放于编号 CK02 的仓库一区；

02，台灯 MR，批次为 0319，存放于编号 CK02 的仓库二区；

03，宠物灯 CF，批次为 0308，存放于编号 CK02 的仓库三区；

04，宠物灯 CK，批次为 0201，存放于编号 CK02 的仓库四区；

05，宠物灯 CA，批次为 0121，存放于编号 CK02 的仓库五区。

4 月 15 日 15 时，程军根据拣货单（JHD001）和发货通知单（FHTZD001）的要求和资源情况，编制作业计划单号为 CKD001 出库单。所有物品集齐后先存储在空闲的仓库 CKL001D 暂存一区进行存放，待 4 月 16 日装运发货。仓库 CKL001D 的保管人是程俊俊，拣货工作由仓库 CKL001D 的拣货人张宇负责，并负责回单。4 月 16 日由南京润泰小家电市场负责人周贤将物品提取装车运走。

[**操作与实训任务** 15]

如果你是程军，请按要求完成出库单的缮制（见表 2-22）。

表 2-22　出库单

作业计划单号：

库房			□正常商品		□退换货	
客户名称		发货通知单号			出库时间	
收货单位名称		应发总数			实发数量	

商品名称	商品编号	规格	单位	应发数量	实发数量	货位号	批号	备注

保管员		提货人		制单人	

[**任务完成的记录** 15]

[**背景材料** 16]

4 月 25 日早上 8 时，南京苏果配送中心仓库 CK01 负责人刘梦云收到调度程金的编号为 FHTZD001 的发货通知，要求从仓库 CK01 发出一批物品至桥北苏果店，包括金纺衣物护理剂 200 mL/袋，金纺衣物护理剂 500 mL/袋，奥妙洗衣粉 200 g/袋，奥妙洗衣粉 500 g/袋，各 50 箱，由调度员程金提货发往桥北苏果店，店长刘新宇接收。8 点半时刘梦云编制作业计划单号为 CKD001 的出库单。

4 月 25 日凌晨时仓库内物存详情为：

01，产品编号 CPBHJ2 金纺衣物护理剂 200 mL/袋：150 箱，存放在 CK01 仓库 A 区 01

储位；

02，产品编号 CPBHJ5 金纺衣物护理剂 500 mL/袋：250 箱，存放在 CK01 仓库 A 区 02 储位；

03，产品编号 CPBHJ10 金纺衣物护理剂 1 000 mL/袋：150 箱，存放在 CK01 仓库 A 区 03 储位；

04，产品编号 CPBHA2 奥妙洗衣粉 200 g/袋：200 箱，存放在 CK01 仓库 B 区 01 储位；

05，产品编号 CPBHA3 奥妙洗衣粉 300 g/袋：300 箱，存放在 CK01 仓库 B 区 02 储位；

06，产品编号 CPBHA5 奥妙洗衣粉 500 g/袋：200 箱，存放在 CK01 仓库 B 区 03 储位。

[操作与实训任务 16]

如果你是刘梦云，请按要求完成出库单的缮制（见表 2-23）。

表 2-23 出库单

作业计划单号：

库房			□正常商品	□退换货	
客户名称		发货通知单号		出库时间	
收货单位名称		应发总数		实发数量	
商品名称	商品编号	规格	单位	应发数量	实发数量	货位号	批号	备注
保管员		提货人		制单人	

[任务完成的记录 16]

实训场景 2
库存控制

[知识点]

(1) 在配送中心储存作业管理中,存货管理的关键问题之一就是订购量的问题(必须补充多少存货),这里用库存控制系统的经济批量订货原理来计算订购量。

库存控制系统的经济批量订货原理是:
$$TC = CR + (R/Q)S + (Q/2)hC$$
其中:TC 为总费用;C 为每单位商品可变费用;R 为一次某商品年度需求总量;S 为一次订货固定采购费用;h 为每单位商品每年度保管费用与单位商品可变费用的比率。

最佳经济订货批量的公式是:
$$Q = \sqrt{2RS/(hC)}$$

(2) 所谓定量订货法,就是预先确定一个订购点和订货量,随时检查库存,当库存下降到订购点时就发出订货,订货量取经济订货批量。我们有时将定量订货库存控制方法称为 (s, S) 库存控制策略。即对库存进行连续盘点,当剩余库存量 x 下降至 s 时,则立即进行订货,补货量 $Q = S - x$,使其库存水平达到 S,其中,s 称为订购点(或称为最低库存量),S 称为最大库存水平。

定量订货库存控制方法的订购点和订货量都是事先确定的,而且检查时刻是连续的,需求量是可变的。定量订货库存控制方法的主要缺点是它必须不断连续核查仓库的库存量。由于一种物品的订货可能在任何时刻,这种情况就难以把若干物品合并到同一次订货中由同一供应商来供应,从而产生一定的费用。定量订货库存控制方法的主要优点是库存控制的技术和方法相对清晰和简单,并且可对高价值物品的库存费用精确控制。

(3) 定期订货法是按预先确定的订货时间间隔按期进行订货,以补充库存的一种库存控制方法。其决策思路是:每隔一个固定的时间周期检查库存物品的储备量。根据盘点结果与预定的目标库存水平的差额确定每次订购量。这里假设需求为随机变化,因此,每次盘点时的储备量都是不相等的,为达到目标库存水平 Q 而需要补充的数量也随着变化。这样,这类系统的决策变量应是,检查时间周期 T、目标库存水平 Q。

(4) 存货是一项重要的流动资产,在一般情况下,存货占企业总资产的30%左右,其管理、利用情况如何,直接关系到企业的资金占用水平以及资产的运作效率。在不同的存货管理水平下,企业的平均资金占用水平差别是很大的。正确的存货管理方法可以通过降低企业的平均资金占用水平,提高存货的流转速度和总资产周转率,最终提高企业的经济效益。由此看来,降低存货成本已经成为"第三利润源泉"。

(5) 安全库存量的大小,主要由顾客服务水平来决定。所谓顾客服务水平,就是指对顾客需求情况的满足程度,公式表示如下:

顾客服务水平（%）=年缺货次数/年订货次数×100%

对于安全库存量的计算，将借助于数量统计方面的知识，对顾客需求量的变化和前置期的变化做一些基本的假设，从而在顾客需求发生变化、前置期发生变化以及两者同时发生变化的情况下，分别求出各自的安全库存量。

[关键技能点]：掌握库存控制系统中经济批量订货原理的运用，掌握定量订购法的运用，掌握定期订购法的运用，掌握配送中心的存货管理，掌握安全库存量的计算方法。

工作任务：库存控制的相关计算。

[背景材料1]

某配送中心承担着向几家超市供应某种品牌单放机的任务，每月的需求量在1 000台左右。配送中心向厂商订一次货的固定费用为每次4 000元。每台单放机单价为500元，一台单放机一年的储存费用为其单价的20%。

[操作与实训任务1]
（1）分别计算和标出年度需求、全年固定订货费用、商品单价、储存费率。
（2）根据公式计算出最佳订货量和年度订货次数。

[任务完成的记录1]

[背景材料2]

某配送中心每年采购某种商品5 000件，每次的订货费为40元，储存费用是商品价款的20%，供货单位的区间价格如表2-24所示，这里假设不允许缺货、瞬时到货的条件。

表2-24 供货单位的区间价格

订货批量 Q/件	每件单价 P/元
$Q \leq 999$	5.00
$999 < Q \leq 1\ 999$	4.80
$1\ 999 < Q$	4.75

[操作与实训任务2]
求该企业的经济订货批量。
[任务完成的记录2]

[背景材料3]

某企业每年采购某种商品30 000箱，每次批量订货费用为25元，储存费用为每箱价格的20%，每100箱为一个基本订货单位，订货批量区间价格如表2-25所示。

表2-25 订货批量区间价格

订货批量 Q/件	Q≤300	300<Q≤500	500<Q≤700	700<Q≤900	Q>900
每箱单价/元	0.21	0.19	0.17	0.15	0.13

[操作与实训任务3]

基于订货批量区间价格，请计算经济订货批量和相应的总成本（含货款）。

[任务完成的记录3]

[背景材料4]

某企业计划生产A、B两种产品，耗用甲材料的单耗分别为10 kg和20 kg，产量分别为1 000件和500件，甲材料的计划单价为10元，每次采购费用为1 600元，单位材料的年保管费为其价值的40%。

[操作与实训任务4]

（1）甲材料的经济订货批量是多少？

（2）本题采用的是什么订货方法？分别介绍定期订货法和定量订货法的工作原理。

（3）如果每次进货量在5 000 kg以上，可享受2%的折扣，此时经济订货批量是多少？

[任务完成的记录4]

[背景材料5]

假设某公司预计全年需耗用甲零件5 000件。该零件的单位采购成本为20元，单位年储存成本为单位采购成本的10%，平均每次订货成本为50元。假设该零件不存在缺货的情况。

[操作与实训任务5]

（1）计算甲零件的经济订货量。

(2) 计算经济订货批量下的相关总成本和全部总成本。

[**任务完成的记录** 5]

[背景材料 6]

已知 ABC 公司与库存的有关信息如下：年需求数量为 30 000 单位（假设每年 360 天）；购买价格每单位 100 元；仓库储存成本是商品买价的 30%；订货成本每次 60 元；公司希望的安全储备量为 750 单位；订货的数量只能按 100 的倍数（四舍五入）确定；订货至到货的时间为 15 天。

[**操作与实训任务** 6]

(1) 最优经济订货批量为多少？
(2) 存货水平为多少时应补充订货？
(3) 存货平均占用多少资金？

[**任务完成的记录** 6]

[背景材料 7]

某公司销售某种化工原料，过去 1 周，每天销售的原料分别是 16 桶、17 桶、17 桶、18 桶、18 桶、17 桶和 16 桶。如果它们服从正态分布，订货前置期为 2 天，一次订货费用为 100 元，1 桶原料保管一天需要保管费用 10 元，要求库存满足率达到 90%。

[**操作与实训任务** 7]

若实行定量订货法控制，应该怎样进行操作？

[**任务完成的记录** 7]

[背景材料 8]

某公司为实施定期订货法策略，对某个商品的销售量进行分析，发现用户需求服从正态分布。过去 5 个月的销售量分别是：14，16，18，17，19（t/月），如果组织资源进货,则订货前置期为1个月,一次订货费用为10元,1t物资一个月的保管费用为1元。如果要求库存满足率达到90%,根据这些情况应当如何制定定期订货法策略?在实施定期订货法策略后,第一次订货检查时,发现现有库存量为1t,已订未到物资5t,已经售出但尚未提货的物资3t。

[操作与实训任务8]

第一次订货时应该订购多少?

[任务完成的记录8]

[背景材料9]

润田矿泉水的需求率服从正态分布,其日均需求量为200件,标准差为25件,订购的前置期为5天,要求的客户服务水平为95%,每次订购成本为450元,年保管费率为20%,单价为1元,企业全年工作250天,本次盘存量为500件,经济订货周期为24天。

[操作与实训任务9]

计算目标库存水平与本次经济订购批量。

[任务完成的记录9]

[背景材料10]

郑先生为好迪化妆品配送商管理仓库存货。根据经验,郑先生知道某种化妆品的平均日需求量为100单位,完成周期为8天。郑先生此时还不需要缓冲存货。假定订货批量为1 200单位。

[操作与实训任务10]

(1) 假定采用永续检查,计算该种化妆品的订购点和平均存货水平。

(2) 如果每周检查存货一次,重新计算订购点和平均存货水平。

(3) 分析定期(周期)库存检查方式的适用范围。

[任务完成的记录10]

[背景材料 11]

某公司对办公用笔的平均日需求量为 100 支,并且其需求情况服从标准差为 10 支/天的正态分布,如果前置期固定常数 6 天,客户服务水平不低于 90%,则安全库存量为多少?(客户服务水平 90%,安全系数为 1.60)

[操作与实训任务 11]

计算需求量变化、前置期固定的安全库存量。

[任务完成的记录 11]

[背景材料 12]

某公司对办公用笔的日需求量为 100 支,前置期服从均值为 6 天、标准差为 2 天的正态分布,如果客户服务水平不低于 90%,则安全库存量为多少?(客户服务水平 90%,安全系数为 1.60)

[操作与实训任务 12]

计算需求量固定、前置期变化的安全库存量。

[任务完成的记录 12]

[背景材料 13]

某公司对办公用笔的平均日需求量为 100 支,标准差为 10 支/天,平均前置期为 6 天,标准差为 2 天,如果客户服务水平不低于 90%,则安全库存量为多少?(客户服务水平 90%,安全系数为 1.60;需求量、前置期均服从正态分布)

[操作与实训任务 13]

需求量、提前期都变化的安全库存量计算。

[任务完成的记录 13]

[背景材料 14]

某配送中心甲商品的年需求量 10 000 件,单位商品的年保管费为 40 元,每次订货成本 100 元。

[操作与实训任务 14]

求经济订货批量。

[任务完成的记录 14]

[背景材料 15]

某制造公司根据计划每年需采购甲零件 30 000 单位,甲零件的单位购买价格是 20 元,每次订购的成本是 240 元,每个零件的仓储保管成本为 10 元,订货前置期为 5 天。

[操作与实训任务 15]

求甲零件的经济订货批量、最低年库存总成本及每年的订货次数。

[任务完成的记录 15]

[背景材料 16]

企业每年需要采购单价为 200 元的商品 5 000 件,每次订购成本是 200 元,每件商品的存储保管成本为 50 元。

[操作与实训任务 16]

求该零件的经济订购批量、最低年总存储成本、每年订购次数及平均订购间隔周期。

[任务完成的记录 16]

[背景材料 17]

森博公司利用买进的部件组装有一个平面和四条腿的餐桌。桌面和桌腿的前置期分别为 2 周和 3 周,组装餐桌的前置期为 1 周。公司收到的订单要求在第 5 周送 20 张餐桌，第 7 周送 40 张餐桌。公司存货中有 2 张成品餐桌、40 条桌腿和 22 个桌面。

[操作与实训任务 17]

请分析应该如何订购零部件。

[任务完成的记录 17]

[背景材料 18]

经统计，30 天内某仓库内共处理订单 600 份，拣货员平均每天拣货 10 小时，平均每张订单上品项数为 20 种，每张订单平均有物品 50 件，每件物品平均体积 0.04m³。

[操作与实训任务 18]

请分别计算单位时间处理订单数、单位时间拣取品项数、单位时间处理次数、单位时间拣取体积。

[任务完成的记录 18]

实训场景 3
调度安排

[知识点]

(1) 配送不合理的具体表现：库存决策不合理、配送与直达的决策不合理、运输线路和运输方式的不合理、经营观念的不合理。由于客户的需求具有多样性，而且大多呈现大批量小批次特点，加之客户的地理位置相对分散，这就要求决策者对运输线路做出科学、合理的规划，完善车辆装载和配载技术，提高车辆的满载率，同时尽量减少迂回运输、逆向运输和空驶。如果运输线路规划不科学、装载和配载不合理，就会大大提高运费成本。

(2) 节约法的基本思想：如图 2-2 所示，设 P_0 为配送中心，分别向客户 P_i 和 P_j 送货。P_0 到 P_i 和 P_j 的距离分别为 d_{0i} 和 d_{0j}，两个客户 P_i 和 P_j 之间的距离为 d_{ij}。送货方案只有两种，即配送中心 P_0 向客户 P_i、P_j 分别送货 [见图 2-2 (a)] 和配送中心 P_0 向客户 P_i、P_j 同时送货 [见图 2-2 (b)]。

比较两种配送方案：方案 a 的配送路线为 $P_0 \rightarrow P_i \rightarrow P_0 \rightarrow P_j \rightarrow P_0$，配送距离为 $d_a = 2d_{0i} + 2d_{0j}$；方案 b 的配送路线为 $P_0 \rightarrow P_i \rightarrow P_j \rightarrow P_0$，配送距离为 $d_b = d_{0i} + d_{0j} + d_{ij}$；显然，$d_a$ 不等于 d_b，我们用 s_{ij} 表示里程节约量，即方案 a 比方案 b 节约的配送里程：$s_{ij} = d_{0i} + d_{0j} - d_{ij}$。

根据节约法的基本思想，如果一个配送中心 P_0 分别向 n 个客户 p_j ($j = 1, 2, \cdots, n$) 配送物品，在汽车载重能力允许的前提下，每辆汽车的配送线路上经过的客户个数越多，里程节约量越大，配送线路越合理。

图 2-2 送货方案

(3) 配送中心使商流和物流分离，物流线路缩短，减少了运输次数，提高了车辆装卸利用效率，能保证客户最佳的订货量；同时，共同配送有利于降低运输费用；再者，配送中心可以选择最佳的运输手段和工具。

[关键技能点]：掌握配送的调度安排，计算与掌握配送方案的优化。

工作任务：调度安排。

[背景材料1]

某大型配送中心每日需要运送大米 400 t、食用油 580 t 和不定量的面粉。该中心有大型车 20 辆、中型车 20 辆、小型车 30 辆。假设各种车辆的运营成本是相同的，各种车辆每天只运送一种物品，运输定额如表 2-26 所示。

表 2-26 运输定额

单位：t

车型	大米	食用油	面粉
大型车	17	20	14
中型车	15	18	12
小型车	13	16	10

［操作与实训任务 1］
如何合理安排车辆使运送的载重量达到最大？
［任务完成的记录 1］

［背景材料 2］

某大型配送中心负责两港口城市的转拨业务，其航线一端点港仓库年物品发运量达 18 万 t，另一端点港仓库年物品发运量为 16 万 t，船舶的载重量为 2 万 t，船舶载重利用率平均为 0.90，船舶往返航次时间为 88 天。

［操作与实训任务 2］
该航线需配置同类型的船舶数为多少？该航线发船间隔应为多少？
［任务完成的记录 2］

［背景材料 3］

傅先生负责监督良品铺子的产品配送，从工厂仓库运到其两个配送中心。工厂仓库目前有企业最流行的产品——洽洽瓜子 42 000 单位。傅先生在仓库里保留 7 000 单位的产品作为缓冲。E 配送中心有 12 500 单位，日需求量为 2 500 单位。F 配送中心有存货 6 000 单位，日需求量为 2 000 单位。

［操作与实训任务 3］
（1）确定洽洽瓜子在每一个配送中心的共同供给天数。
（2）依据上述信息和问题（1）的答案，用公平份额分配逻辑来确定各配送中心分配到的洽洽瓜子的数量。
［任务完成的记录 3］

[背景材料4]

某一配送中心 P_0 向10个客户 P_j（$j=1, 2, \cdots, 10$）配送物品，其配送网络如图2-3所示。图中括号内的数字表示客户的需求量（单位：t），线路上的数字表示两节点之间的距离。配送中心有2 t和4 t两种车辆可供使用。

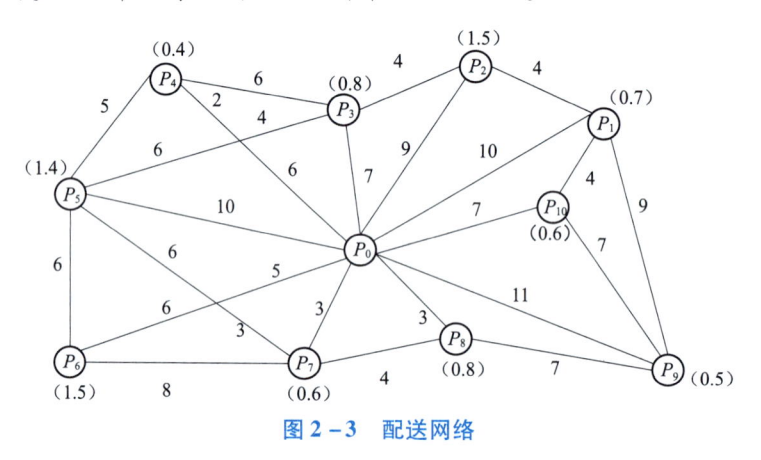

图2-3 配送网络

[操作与实训任务4]

制定最优的配送方案。

[任务完成的记录4]

[背景材料5]

某配送中心需要为某企业配送水泥和玻璃两种物品，水泥单位重量的体积为 0.9 m³/t，玻璃单位重量的体积为 1.6 m³/t，车辆额定载货容积为 15 m³，额定载重量为 11 t。

[操作与实训任务5]

为使车辆的载重量和载货容积都能得到充分利用，这两种物品应分别装多少？

[任务完成的记录5]

[背景材料6]

某配送中心 P 向 A_1、A_2、A_3 三个客户点配送物品，相互之间的运输距离如图2-4

所示，物品总量不超过车辆的额定重量。

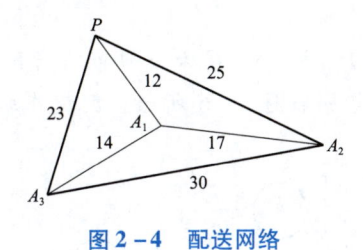

图 2-4 配送网络

[操作与实训任务6]
运用节约法选择配送线路——最短路径问题。
[任务完成的记录6]

[背景材料7]
配送中心 S 向 T 配送物品，图 2-5 中的 6 个点是可能途经的客户点，各点之间的距离公里数如图所示，运价 50 元/t，请确定最优配送方案，并计算运费。

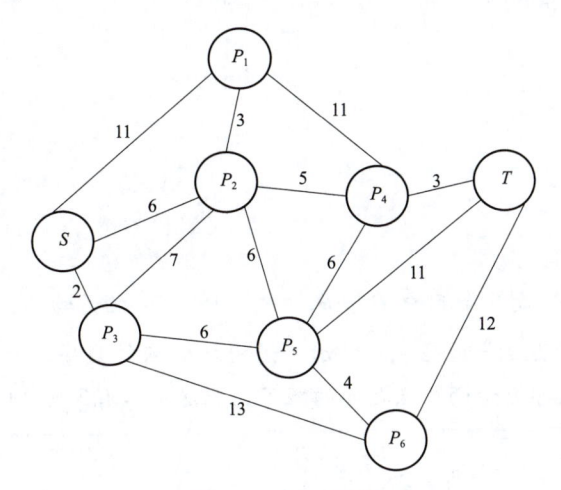

图 2-5 配送网络

[操作与实训任务7]
单车单点配送的线路优化。
[任务完成的记录7]

[背景材料8]

配送中心 A 要向 B、C、D、E、F、G 六个超市门店配送物品,各点之间的距离公里数和每个门店的配送物品重量如图 2-6 所示,配送车辆的载重量有 2.5t、4t 两种,请确定最优配送方案。

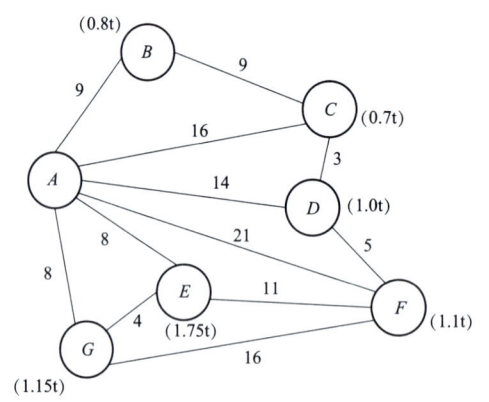

图 2-6 配送网络

[操作与实训任务8]

多车多点配送的线路优化。

[任务完成的记录8]

[背景材料9]

已知配送中心 P_0 向 5 个用户 P_1、P_2、P_3、P_4、P_5 配送物品,配送中心与客户的距离以及客户之间的距离如图 2-7 所示,图中括号内的数字表示客户的需求量(单位:t),线路上的数字表示两节点之间的距离,配送中心有 3 台 2t 卡车和 2 台 4t 卡车可供使用。

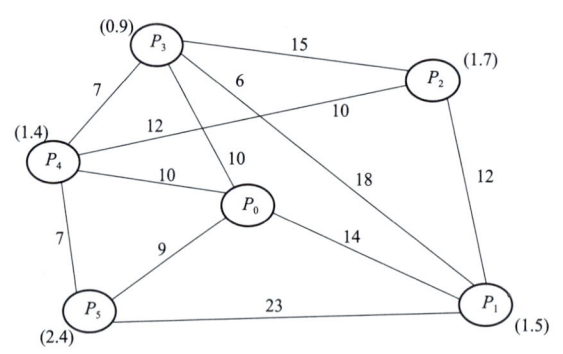

图 2-7 配送网络

[操作与实训任务9]

（1）试利用节约里程法制定最优的配送方案。

（2）设卡车行驶的平均速度为40 km/h，试比较优化后的方案比单独向各客户分送可节约多少时间。

[任务完成的记录9]

[背景材料10]

某仓库每天到货托盘500盘，使用叉车将其放入相应库位，每放置一个托盘的工作周期为3 min，每辆叉车每天可用时间为10 h。

[操作与实训任务10]

请计算需要几辆叉车前来工作。

[任务完成的记录10]

[背景材料11]

叉车的工作周期包括行驶时间、固定时间、堆垛时间、其他时间。某叉车每天进行作业时，卸货点与仓库距离为488 m，叉车的行驶速度为122 m/min，叉车提升和下降的速度为20 m/s，平均堆垛高度为5 m，固定时间为40 s，其他时间不考虑。

[操作与实训任务11]

请计算该叉车的工作周期是多少秒。

[任务完成的记录11]

[背景材料12]

南昌到九江，13m高栏货车，额定装载32t，80 m³；收货价格200元/t，70元/m³；已装载空间9.6 t，40 m³，剩余22.4 t，40 m³，载重利用率依旧为100%，剩余的体积利用率为85%；待运物品：汽车配件（重货）25 t，5 m³；待运物品：食品（泡货）4.1 t，41 m³。

[操作与实训任务12]

如何装载，使得剩余物品的运费最大？

[任务完成的记录12]

实训场景 4
配送中心选址

[知识点]

（1）配送中心选址的原则。不同的物流系统对配送中心的选址要求不同，但总体来说配送中心的选址应遵从以下原则：充分考虑服务对象的分布、经济发展中心地区或城市、各种交通方式重叠和交会地区、物流资源较优地区、土地开发资源较好地区、有利于整个物流网络的优化、有利于各类节点的合理分工和协调配合、地区管理及人才资源较好地区。

（2）影响配送中心选址的外部因素包括：

①土地的可得性和成本。由于一般配送中心规划占地面积都较大，所以在选址时必须考虑能否在备选区域得到足够面积的土地，同时由于土地的稀缺性，所以地价的高低将直接影响物流中心的选址以及网点布局，这些都是选址时必须注意的。

②交通的便利性。运输成本在配送中心运营成本中的比例很高，所以在配送中心选址时，必须考虑对外运输渠道的便利性，以及未来交通与邻近地区的发展状况等因素。

③政治及经济因素。在选址时应综合考虑那些政治稳定、政策优惠、税收合理的国家或地区。

④劳动力因素。配送中心属于劳动密集型作业，所以存在对一定量劳动力资源的依赖；同时，随着机械化、信息化水平的提高，对劳动力素质的要求也提高了。所以在选址时，还必须考虑劳动力资源的来源、技术水平、工作习惯、工资水平等因素。

⑤物品供应和需求等市场因素。原材料与物品的来源、数量、用户对象的分布、需求层次和需求量等因素，也会影响配送中心的选址。

（3）影响配送中心选址的内部因素往往是配送中心选址决策考虑的主要因素。配送中心的选址决策首先要与企业的发展战略相适应；其次，配送中心的选址和数量受到企业的产品特点、销售区域、营销策略等因素的影响。

（4）配送中心选址的方法包括专家选择法、分析法、启发式方法、仿真方法、综合因素法等。

（5）重心法的计算原理。重心法包括基于需求量的重心法和基于吨距离的重心法等两种方法。

①基于需求量的重心法：把需求量作为考察因素，它的主要步骤是首先将一个经济区域内的各需求点在坐标系中表示，并将各需求点看成一个物理系统，然后将各需求点的需求量视为物体的质量，最后通过求该物理系统的重心来确定配送中心的最佳坐落点。

②基于吨距离的重心法：因是单一设施选址，配送中心的建设以及运营成本均可以视为固定不变，而运输费用随距离和货运量而变化，所以可以考虑在不同地点设置的配送中心，因距各客户距离变化和需求量而引起运输费用的变化，找出使运输总费用最小的点，并将其作为最佳选址点。

[**关键技能点**]：掌握配送中心的正确选址。

工作任务：配送中心选址。

[**背景材料1**]

某物流园区，每年需要从 P_1 地运来水果，从 P_2 地运来蔬菜，从 P_3 地运来乳制品，从 P_4 地运来日用百货，各地与某城市中心的距离和年运输量如表 2-27 所示。

表 2-27 各地与某城市中心的距离和年运输量

项目	P_1		P_2		P_3		P_4	
坐标	X_1	Y_1	X_2	Y_2	X_3	Y_3	X_4	Y_4
	30	30	80	70	70	30	30	60
年运输量/t	2 200		1 800		1 500		2 500	

[**操作与实训任务1**]
根据表中数据，使用重心法确定配送中心选址。
[**任务完成的记录1**]

[**背景材料2**]

某物流公司拟建一个配送中心，确定了三个备选场址。由于各场址的土地费用、建设费用等不尽相同，从而成本也不相同，三个不同场址的成本如表 2-28 所示。

表 2-28 三个不同场址的成本

成本	A	B	C
固定费用/（元·月$^{-1}$）	7 800	15 000	33 000
可变费用/（元·月$^{-1}$）	60	36	18

[**操作与实训任务2**]
请进行最佳场址的确定，画出 X、Y 轴与分别代表 A、B、C 方案的直线，并进行相应的说明。
[**任务完成的记录2**]

[**背景材料3**]

现有 5 个工厂，坐标分别为 P_1 (1, 2)，P_2 (7, 4)，P_3 (3, 1)，P_4 (5, 5)，

P_5（2，6），现在要建立一个中心仓库为 5 个工厂服务。工厂到中心仓库的运输由载货汽车完成，运量按车次计算，分别为每天 3、5、2、1、6 次。

[操作与实训任务 3]

求中心仓库位置。

[任务完成的记录 3]

[背景材料 4]

黄家湖物流有限公司服务于经济技术开发区的众多企业，现拟对四个 VIP 客户开设一个新的配送中心，四个 VIP 客户近三年业务量比较稳定，他们的年均业务量和地理位置坐标如表 2-29 所示。

表 2-29　四个 VIP 客户的年均业务量和地理位置坐标

项目	A	B	C	D
年均业务量/t	1 800	1 400	1 500	700
地理位置坐标	（40，50）	（70，70）	（15，18）	（68，32）

[操作与实训任务 4]

请用重心法确定新的配送中心设置的理想位置。

[任务完成的记录 4]

[背景材料 5]

某企业在全国有 5 个厂区，厂区地理位置坐标和运量如表 2-30 所示。企业准备建立中央配送中心，请用重心法确定中央配送中心位置。

表 2-30　厂区地理位置坐标和运量

项目	P_1	P_2	P_3	P_4	P_5
X	325	400	450	350	25
Y	75	150	350	400	450
运量/t	1 500	250	450	350	450

[操作与实训任务 5]

（1）中心仓库的位置选在哪里？

（2）用重心法应满足哪些条件？

（3）配送中心选址应考虑的主要问题有哪些？

[任务完成的记录 5]

[背景材料 6]

某物流公司拟建一配送中心，负责向四个工厂进行物料供应配送，各工厂的地理位置坐标与年物料配送量见表 2-31，设物流公司拟建的配送中心对各工厂的单位运输成本相等。

表 2-31　各工厂的地理位置坐标与年物料配送量

项目	P_1		P_2		P_3		P_4	
坐标	X_1	Y_1	X_2	Y_2	X_3	Y_3	X_4	Y_4
	20	70	60	60	20	20	50	20
年物料配送量/t	2 000		1 200		1 000		2 500	

[操作与实训任务 6]

（1）请利用重心法确定物流公司拟建的配送中心位置。

（2）由于考虑其他因素的影响，利用重心法求出的配送中心位置坐标有时在现实工作中难以实现，试述影响配送中心选址的主要因素。

[任务完成的记录 6]

[背景材料 7]

某公司有三种不同仓库建设方案，由于各场所有不同的征地费、建筑费，工资、原材料等成本费用也都不同，从而有不同仓储成本。三种建设方案的仓储成本如表 2-32 所示。

表 2-32　三种建设方案的仓储成本

项目	A	B	C
固定费用/元	600 000	1 200 000	1 800 000
单位可变费用/（元·件$^{-1}$）	40	20	10

[操作与实训任务 7]

试确定不同物流规模下最佳的选址，画出 X、Y 轴与分别代表 A、B、C 方案的直线，并进行相应的说明。

[任务完成的记录 7]

实训场景 5
货位的准备、库房空间利用最大化、超重物品垫垛

[知识点]

1. 平置库货位的准备

(1) 确定物品所需货位面积必须考虑的因素有：仓库的可用高度，仓库地面荷载，物品包装物所允许的堆码层数以及物品包装物的长、宽、高。

(2) 计算占地面积的公式如下：

①单位包装物面积 = 长 × 宽；

②单位面积重量 = 单位商品毛重 ÷ 单位面积；

③可堆层数：

A. 从净高考虑：层数 a = 库高 ÷ 箱高；

B. 从地坪载荷考虑：层数 b = 地坪单位面积最高载荷量 ÷ 单位面积重量；

C. 可堆层数 = min {层数 a，层数 b}；

④占地面积 = (总件数 ÷ 可堆层数) × 单位包装物面积。

2. 货架库货位的准备

(1) 计划入库物品如果上架储存，在明确储存位置和所需货位数量的同时还要准备好相应数量的托盘。

(2) 货架库货位优化。决定计划入库物品的储存位置的关键因素是物动量分类的结果，高物动量物品应该选择首层货位，中物动量物品应该选择中间层货位，低物动量物品则应该选择上层货位，如图 2-8 所示。

低物动量区
中物动量区
高物动量区

图 2-8 货架储存与货位优化示意图

(3) 货架库货位及托盘数量准备。为保证计划入库物品能够顺利入库，仓库管理人员应在入库前准备出足够的货位和上架所需的托盘。在计算所需货位及托盘数量时应考虑的因素包括：

①计划入库的物品种类及包装规格；

②货架货位的设计规格；

③所需托盘规格；

④叉车作业要求；

⑤作业人员的熟练程度与技巧。

这里注意：货架库入位与平置库入位不同之处还包括货位净高的要求，以及叉车

作业空间的预留,一般预留空间≥90 mm。

3. **库房空间利用最大化**

(1) 熟悉物品入库准备工作。仓库应根据仓储合同或者入库单、入库计划,及时地进行库场准备,以便物品能按时入库,保证入库过程顺利进行。仓库的入库准备需要由仓库的业务部门、仓库管理部门、设备作业部门分工合作,共同做好以下工作:熟悉入库物品、掌握仓库库场情况、制订仓储计划、妥善安排货位、做好货位准备、准备苫垫材料与作业用具、验收准备、装卸搬运工艺设定、单证准备。

(2) 掌握进货流程的合理安排,综合考虑如下方面:进货作业系统设计原则、进货作业时考虑的因素、货位确定的原则、选择货位的原则。

4. **超重物品垫垛**

垫垛是指在物品码垛前,在预定的货位地面位置,使用衬垫材料进行铺垫。垫垛的目的:使地面平整;使堆垛物品与地面隔开,防止地面潮气和积水浸湿物品;通过强度较大的衬垫物使重物的压力分散,避免损害地坪;使地面杂物、尘土与物品隔开;形成垛底通风层,有利于货垛通风排湿;使物品的泄漏物留存在衬垫之内,防止流动扩散,以便于收集和处理。

[关键技能点]:合理准备平置库的货位,合理准备货架库货位,库房空间资源价值利用最大化,掌握超重物品垫垛的确定。

工作任务:货位的相关计算。

[背景材料1]

某仓库建筑面积为 10 000 m²,地坪载荷为 2000 kg/m²,库高 4.8 m。现该库收到入库通知单,如表 2-33 所示。

表 2-33 入库通知单

入库时间:　　年　月　日　时

入库编号	品名	包装规格/mm	包装材料	单体毛重/kg	包装标志限高/层	入库总量/箱	备注
00011226	五金工具	400×250×320	杨木	48	5	2 400	

[操作与实训任务1]

(1) 如果该批物品入库后码垛堆存,至少需要多大面积的储位?

(2) 如果仓库可用宽度上限仅为 5 m,计算出计划堆成重叠堆码的平台货垛的垛长、垛宽及垛高各为多少箱。

[任务完成的记录1]

[背景材料2]

幸福树电器委托其物流服务供应商龙潭仓储有限公司，拟租赁一个净高5.2 m的仓库，其单位面积的地坪承载定额是1.8 t/m²。该仓库有两个货区：第一个货区计划储存电视机，电视机60 kg/台，规格为0.6×0.6×0.8（m），货区有效占用面积为200 m²；另一个货区计划储存冰箱，冰箱100 kg/台，规格为0.4×0.5×1.2（m），货区有效占用面积为250 m²。

[操作与实训任务2]
计算该仓库的储存能力（重量、储存这两种物品的数量）。

[任务完成的记录2]

[背景材料3]

威盛物流公司收到一份入库通知单，计划入库物品为吉欧蒂亚干红葡萄酒，包装规格为460×260×252（mm），堆码层限为6层，共536箱。该公司的托盘式货架和托盘信息如下所示：

货架规格信息：2列3排4层；
货位参考尺寸：L 2 300×W 900×H 1 350（mm）；
双货位（标准货位）：其中横梁的高度为120 mm、顶部预留作业空间90 mm。
托盘尺寸规格信息：L 1 200×W 1 000×H 160（mm）。

[操作与实训任务3]
（1）画出奇、偶层的托盘码放示意图。
（2）确定码放层数。
（3）货位数量及所需托盘数量的计算。

[任务完成的记录3]

[背景材料4]

龙潭物流公司仓库进8 000箱力波啤酒，包装体积长0.3 m、宽0.3 m、高0.4 m，毛重12 kg，净重10 kg，用托盘堆码，托盘规格为1.04×1.04（m）（托盘重量不计），库房地坪单位面积载荷为1t，包装的承压能力为50 kg，可用高度为3 m。

[**操作与实训任务**4]

该批物品的储存至少需要多少面积？进行仓储区规模计算时需要考虑哪些因素？托盘叠加堆放时储存区空间如何计算？

[**任务完成的记录**4]

[背景材料5]

某一平面库房墙内长38 m，宽18 m，走道宽3.5 m，两条支道宽度均为1.5 m，外墙距为0.5 m，内墙距为0.3 m。假设库内无柱子、间壁墙、扶梯、固定设备等。

[**操作与实训任务**5]

（1）请计算库房使用面积、库房有效面积和库房面积利用率。

（2）请画出库房的俯视图，并标注相应的数据。

[**任务完成的记录**5]

[背景材料6]

今有A、B、C、D、E、F、G、H、I八种商品，其本月的入出库次数如表2-34所示，某仓库货位布置如图2-9所示。

表2-34 商品入出库次数表

序号	商品品种	本月入库次数	本月出库次数
1	A	52	32
2	B	8	6
3	C	20	60
4	D	25	12
5	E	60	15
6	F	10	25
7	G	5	7
8	H	15	35

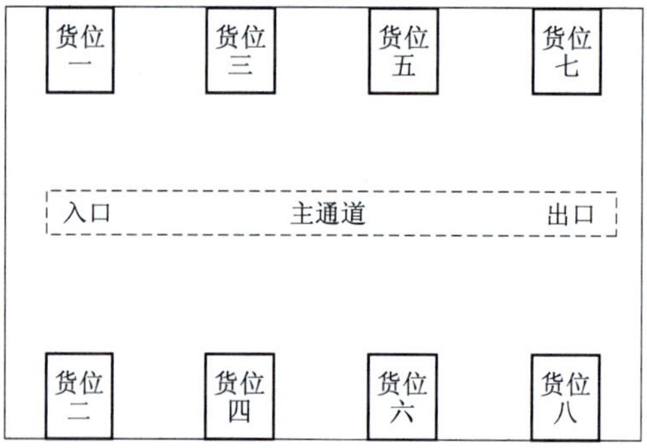

```
┌─────┐  ┌─────┐  ┌─────┐  ┌─────┐
│货位 │  │货位 │  │货位 │  │货位 │
│ 一  │  │ 三  │  │ 五  │  │ 七  │
└─────┘  └─────┘  └─────┘  └─────┘

    ┌╌╌╌╌╌╌╌╌╌╌╌╌╌╌╌╌╌╌╌╌╌╌╌╌╌╌╌┐
    ┆入口      主通道      出口 ┆
    └╌╌╌╌╌╌╌╌╌╌╌╌╌╌╌╌╌╌╌╌╌╌╌╌╌╌╌┘

┌─────┐  ┌─────┐  ┌─────┐  ┌─────┐
│货位 │  │货位 │  │货位 │  │货位 │
│ 二  │  │ 四  │  │ 六  │  │ 八  │
└─────┘  └─────┘  └─────┘  └─────┘
```

图 2−9　仓库货位布置

[操作与实训任务 6]

请合理安排这八种商品在这段时间的货位。

[任务完成的记录 6]

[背景材料 7]

某电力公司欲租赁龙潭仓储有限公司的货场存放一台自重 30 t 的设备，该设备的底部配有两条钢轨 [$2 \times 0.2 \times 0.15$ (m)]，该货场的地坪承载为 3 t/m²。

[操作与实训任务 7]

是否需要进行垫垛？如果需要垫垛，如何采用自重 0.5 t 的钢板 [$2 \times 1.5 \times 0.02$ (m)] 垫垛？请画出相应的俯视图，进行说明。

[任务完成的记录 7]

[背景材料 8]

江西南昌经济开发区的龙潭物流中心有仓库若干。其中一仓库内墙长 42 m，宽 21 m，高 4.1 m，沿着宽方向的走道宽 2.6 m，沿着长方向的走道宽 1.8 m，走道在中间；库房长方向墙距 1 m，库房宽方向墙距 0.8 m，库内无柱子，无间壁墙，无扶梯及其固定设施。

现在该第三方物流公司项目开发组联系了小天鹅南昌公司，拟用该仓库储存一批洗衣机。已知小天鹅洗衣机包装长 0.8 m，宽 0.6 m，高 1 m，毛重 5 t/100 台，包装承压能力为 220g。对方来仓库现场查看，无漏水、渗水的迹象，仓库设施成色较新，进出大门口靠近开发区的主通道，较为满意，对方问："我们要求立着堆放，该仓库最多能储存多少台洗衣机？"因为对方已将储存在其他物流中心的 3 600 台洗衣机移库到该处，同时明晚有 2 辆满载洗衣机的斯堪尼亚大货车到南昌，问是否可一起安排入仓库。

经查实该货车的内容积参数符合国际标准，即长 12 m，宽 2.45 m，高 4 m。

客户走后，领导看到你，说："你是学物流的，你拿一个方案，明早我们一起去向客户答复。"同时说："这是一笔大单，看你的了！"

你怎么办？

[操作与实训任务 8]

（1）该仓库最多能储存多少台洗衣机？

（2）请画出库房的俯视图。

（3）明晚 2 辆满载洗衣机的斯堪尼亚大货车到南昌，是否可一起安排入仓库？

[任务完成的记录 8]

[背景材料 9]

龙阳仓库拟储存某类物料 500 t，全部靠边就地堆垛。垛长 6 cm，垛宽 2 cm，垛高 1.5 cm，容积充满系数为 0.7，物料的容重为 7.8 t/m³。

[操作与实训任务 9]

请计算料垛占用的总面积，要求推导有逻辑性，同时画出俯视图进行说明。

[任务完成的记录 9]

实训场景 6

订单智慧分析、货物的智慧组托码放与智慧上架分析

[知识点 1]

EIQ 分析法（订单品项数量分析）是针对以市场需求导向为主，且具不稳定或波动条件的配送中心作业系统的一种分析方法。通过 EIQ 分析，了解物流特性。配送中心物流系统，利用 EIQ 加以分析之后，可归纳出订单内容、订货特性、接单特性等。

[关键技能点 1]：掌握对若干订单进行 EIQ 分析。

工作任务 1：对订单进行 EIQ 分析。

[背景材料 1]

PFLITSCH 公司为德国最大螺栓生产厂家，目前有 8 种产品（I1~I8），客户向 PFLITSCH 公司下了 8 张订单（E1~E8），各订单所订品种及数量如表 2-35 所示。

表 2-35 客户订单

数量：t

客户订单	订物品项							
	I1	I2	I3	I4	I5	I6	I7	I8
E1	2	5	0	0	0	2	0	0
E2	0	0	0	5	9	4	0	0
E3	0	0	4	3	0	1	5	0
E4	1	2	0	0	2	0	0	5
E5	0	0	2	0	4	0	2	0
E6	0	2	6	0	0	6	0	3
E7	4	1	4	2	3	0	0	0
E8	0	7	0	5	0	0	3	1

[操作与实训任务 1]

（1）请根据上表，编制 EIQ 统计汇总表。

（2）请对 IQ 单独进行排序，并编制 IQ 分析表。

（3）利用 IQ 分析进行 ABC 分类（分类原则为 5∶3∶2），并针对 ABC 三类产品的出货特性说明如何进行库区规划。

[任务完成的记录1]

[知识点2]

（1）车辆装载合理化就是在既定的车辆形式和载重量下，使物品装载的综合利用率最高。综合利用率不是指单纯的物品重量，也不是指单纯的物品体积，而是两者的综合结果。从车辆成本组成中我们很容易发现，车辆的成本与车辆的额定载重量有直接的关系，当车辆形式和吨位选定之后，运输成本基本和行驶距离按比例变化，而与车辆装载量关系不大。所以车辆装载率越高，单位物品的运输成本越低。

（2）使车辆装载合理化一般采用以下方法：数学计算法、计算机系统优化法、经验法。

（3）配送中心人员库管员岗位职责要负责库存商品的码放工作。

（4）配送中心管理员的工作制度要求：库存物品按类别分区码放，标志货区，便于物品查找，提高工作效率。

[关键技能点2]：托盘的面积合理化利用、货架的容积利用率最大化。

工作任务2：托盘的相关计算。

[背景材料2]

货架内可以放2个托盘，货架内货位的规格是2 300×900×1 350（mm），托盘规格是1 200×1 000×160（mm）。现有包装箱尺寸如下的物品若干箱，要组成托盘并上货架。纸箱尺寸（长×宽×高）：500×400×220（mm）；400×240×200（mm）；400×240×220（mm）；600×300×200（mm）；450×300×125（mm）；600×400×220（mm）。

[操作与实训任务2]

（1）每种规格的物品如何组托？请画出奇数层的俯视图与偶数层的俯视图。

（2）货架内最多可以分别放每种规格的物品多少箱？

[任务完成的记录2]

[背景材料3]

某配送中心所订的货已到1号仓库，并已经过验收，现在需要进行入库作业，其物品品种、规格、数量如表2-36所示。

表 2-36　入库任务单

入库任务单编号：R10062301　　　　　　　　　　　　　　　计划入库时间：到货当日

序号	商品名称	包装规格（长×宽×高）/mm	入库数量/箱
1	休闲黑瓜子	595×395×375	10
2	小师傅方便面	595×325×330	18
3	大王牌大豆酶解蛋白粉	495×395×320	36
4	蜂圣牌蜂皇浆冻干粉片	395×295×275	30
5	诚诚油炸花生仁	395×245×265	24
6	利鑫达板栗	330×235×240	60
7	金多多婴儿营养米粉	295×245×240	32
8	吉欧蒂亚干红葡萄酒	460×260×230	18
9	好娃娃薯片	455×245×200	50

货架规格：3 排 2 列 4 层；

货位参考尺寸：2 300×900×1 230（mm），双货位（标准货位）；

托盘尺寸：1 200×1 000×160（mm）；存放物品顶距不得小于 150 mm。

[**操作与实训任务** 3]

画出托盘码放示意图，并且要遵循如下规定并至少包含下列信息：

（1）画出托盘码放的奇数层俯视图和偶数层俯视图。

（2）在图上标出托盘的长、宽尺寸（以 mm 为单位）。

（3）用文字说明入库____箱，_____箱/层，堆码后的层数是____层，共 ____ 箱/托，用文字说明此类商品所需托盘的个数。

[**任务完成的记录** 3]

[**背景材料4**]

1. 物品属性

卫尤辣条，属于畅销物品，此次入库：140 箱，规格：210×170×150 mm/箱，毛重：2.5 kg/箱，包装限高：7 层，重量限高：5 层。

治治瓜子，属于滞销物品，此次入库：80 箱，规格：460×255×220 mm/箱，毛重：3.5 kg/箱，包装限高：6 层，重量限高：7 层。

健刀宝饮料，属于不温不火物品，此次入库：100 箱，规格：265×220×170 mm/箱，毛重：2.5 kg/箱，包装限高：5 层，重量限高：6 层。

2. 托盘属性

托盘规格：1200×1000×160 mm/个，托盘毛重：10 kg/个，托盘最大负荷：1 000 kg/个，托盘上码放的物品顶层距离货架本层下端不少于200 mm。

3. 货架属性

重型货架（托盘货架）：1排6列3层，双货位，单货位承重≤500 kg。

货位参考尺寸（单位：mm）：第一层：L 1 125×W 1 000×H 1 010，第二层：L 1 125×W 1 000×H 1 040，第三层：L 1 125×W 1 000×H 960。

[操作与实训任务4]

（1）码放分析（确定码放在每个托盘上每层的理论箱数与实际箱数）。

（2）画出奇数与偶数层的组托俯视图（周边需要有对应的数据；确定码放在每个托盘上每层的实际箱数；进行码放在每个托盘上的长与宽的尺寸检验）。

（3）上架分析（明确码放在货架的层数；多角度分析每个托盘上的层数，再分析比较，用定量方法逻辑计算最终每个托盘上的层数；明确计算出需要托盘的数量）。

[任务完成的记录4]

实训场景 7
运营绩效考核

[知识点 1]

（1）配送各环节标准成本可按直接材料、直接人工、制造费用等项目制定，用"标准消耗量×标准价格"的公式来确定，即从数量和价格两个角度来分析"量差"和"价差"。其中直接人工的标准成本的计算公式如下：

配送某环节直接人工标准成本 = 直接人工标准数量 × 直接人工标准价格

（2）直接人工差异分析分为直接人工效率差异和直接人工工资率差异分析，公式如下：

直接人工效率差异 =（实际工时 – 标准工时）×标准工资率

直接人工工资率差异 =（实际工资率 – 标准工资率）×实际工时

[关键技能点 1]：标准成本控制法的运用。

工作任务 1：标准成本的相关计算。

[背景材料 1]

某企业为完成一任务，特成立一个项目小组，直接人工标准数量的计划数和实际数分别是 26 人和 35 人，直接人工标准价格的计划数和实际数分别是 50 元和 65 元，工时的标准数和实际数分别是 60 个和 48 个，工资率的标准数和实际数分别是 10 元/工时和 18 元/工时。

[操作与实训任务 1]

（1）分别计算直接人工标准成本的计划数和实际数、差异数，分析差异产生的原因及影响权重。

（2）计算直接人工效率差异，分析差异产生的原因及影响权重。

（3）计算直接人工工资率差异，分析差异产生的原因及影响权重。

[任务完成的记录 1]

[知识点 2]

（1）配送的绩效如何，需要用绩效评价指标来评价分析。配送绩效考核指标体系是反映企业成果及仓库经营状况各项指标的总和。配送绩效考核指标是由多方面的指标所构成的指标体系，主要包括资源利用程度方面的指标、服务水平方面的指标、能力与质量方面的指标、配送效率方面的指标等。

（2）资源利用程度方面的指标包括设备完好率等指标。设备完好率的计算公式如下：

设备完好率＝期内设备完好台日数÷同期设备总台日数×100%

其中：设备完好率是指处于良好状态、随时能投入使用的设备占全部设备的百分比；期内设备完好台日数是指设备处于良好状态的累计台日数，其中不包括正在修理或待修理设备的台日数。

[关键技能点2]：掌握配送绩效考核指标设备完好率的计算。

工作任务2：设备完好率的计算。

[背景材料2]

某企业3月1日有设备20台，其中3台20天修理完成，1台12天修理完成但是等待时间为4天，4台在3月25日报废，2月计划购买的设备3台于3月22日调试完毕，2台于次日可以投入使用，另1台于3月24日开始投入使用。

[操作与实训任务2]

计算该企业3月份的设备完好率。

[任务完成的记录2]

[背景材料3]

某企业3月1日有设备20台，其中3台20天修理完成，1台15天修理完成但是等待时间为6天，4台在3月21日报废，2月计划购买的3台设备于3月21日调试完毕，其中2台于次日可以投入使用，另一台于3月27日开始投入使用。

[操作与实训任务3]

计算该企业3月份的设备完好率。

[任务完成的记录3]

工作任务3：运营绩效的指标体系与评价。

[背景材料4]

小王是众物智联物流与供应链集团北京物流基地的绩效考核专员。7月初，集团计划对北京分公司6月份运营绩效进行考核，小王收集到了如下数据和信息（统计周期为6月1日至6月30日，6月份工作日为25天）：

配送业务部拥有车辆100台，6月份数据统计显示：所有配送车辆配送总距离30万km，其中空驶距离为6万km；平均车辆最大装载能力为4t，平均实际装载量为3.8t/辆。

在所有已完成的5万订单中，客户投诉（不满意）订单数为800单；出现错误的订单笔数为500单；订单延迟的为300单；拣货出错的为500单。在所有总配送作业出车2 500次中，共发生5起交通事故。

6月份实现商品配送利润总额10万元，商品配送成本40万元。

[操作与实训任务4]

4.1 根据题干中所给资料，可以计算如下指标中的哪些部门指标，请将计算结果直接填入对应的空格，如无法计算，不要填写任何内容（计算结果如不是百分比，直接填写计算结果；计算结果如为百分比，用百分号表示；如不能整除保留1位小数，四舍五入，如20.15%，填写结果为20.2%）。

表2-37 绩效考核指标体系

配送考核指标及计算			
考核指标	计算公式及结果	考核指标	计算公式及结果
A. 车辆装载率		G. 车辆肇事率	
B. 车辆空车率		H. 净资产收益率	
C. 客户满意度		I. 平均每人配送量	
D. 配送正确率		J. 平均配送费用	
E. 配送准时率		K. 配送成本费用利润率	
F. 拣货差错率		L. 单位配送成本	

请将表2-37中对应的绩效考核指标字母填入下列各题。

4.2 表2-37所给出的指标中，属于资源利用程度指标的包括（   ）。

4.3 表2-37所给出的指标中，属于服务水平指标的包括（   ）。

4.4 表2-37所给出的指标中，属于绩效考核能力与质量指标的包括（   ）。

4.5 表2-37所给出的指标中，属于安全指标的包括（   ）。

4.6 表2-37所给出的指标中，属于作业效益指标的包括（   ）。

[任务完成的记录4]

[背景材料5]

小王是众物智联物流与供应链集团北京物流基地的绩效考核专员。7月初集团计划对北京分公司6月份物流部部门运营绩效进行考核，小王收集到了如下数据和信息：

统计周期为 6 月 18 至 6 月 30 日，6 月份工作日为 25 天。

运输部门共有运输车辆 100 辆，6 月份实际工作车辆为 2250 车·日；6 月份车辆处于完好状态的累计数为 2400 车日。

6 月份总行驶里程 45 万 km，此中载重行程 30 万 km。

6 月份 25 个工作日中，物流部门共发生事故 135 次，当月违章 450 次，当月维修费用 9 万元；6 月份部门所有车辆平均每百公里油耗 27L，车辆标准油耗 25L。其中车牌为京 BBBAAA 的配送车辆，6 月份共行驶 2500km，共发生违章 1 次，实际测量平均油耗为 28L。

[**操作与实训任务** 5]

请根据上述资料完成以下任务（说明：题干中的数据仅供测算使用，不具有真实背景和参考意义；选择题均为不定项选择；全部选对，为正确；否则为错误）：

5.1 物流绩效考核的作用包括：A. 分配利益；B. 人员激励；C. 挖掘问题；D. 达成目标。

5.2 请根据题干中所给资料，对部门绩效指标进行计算（以部门所有车辆的平均值为依据），将计算结果直接填入对应的空格。如无法计算，不要填写任何内容（计算结果如不是百分比，直接填写计算结果；计算结果如为百分比，用百分号表示；如不能整除保留 1 位小数，四舍五入，如 20.15%，填写结果为 20.2%）。

表 2-38　绩效考核指标体系

绩效考核指标及计算		绩效考核指标及计算	
绩效考核指标	计算公式及结果	绩效考核指标	计算公式及结果
A. 车辆工作率		F. 行程利用率	
B. 车辆完好率		G. 车辆事故率	次/百公里
C. 出车时间利用系数		H. 车辆违章频率	次/百公里
D. 技术速度		I. 车辆维修费用率	元/公里
E. 平均车日行程		J. 油耗考核	

5.3 表 2-38 所列指标中，属于车辆速度利用指标的包括（　　）。

5.4 表 2-38 所列指标中，属于车辆正确使用绩效考核指标的包括（　　）。

5.5 公司制定了绩效考核目标，其中京 BBBAAA 车辆违章频率管理目标为不超过每百公里 0.1 次，对比 6 月份该车辆指标测量结果，该车辆的绩效水平为：（　　）。

A. 达成绩效目标　　B. 低于绩效目标　　C. 无法测量　　D. 无法评价

5.6 集团将油耗考核指标划分为：油耗考核指标低于 1（含 1）为 A 类；油耗考核指标为 1~1.1（含 1.1）为 B 类；油耗考核指标为 1.1~1.3（含 1.3）为 C 类；油耗考核指标超过 1.3 为 D 类。前述京 BBBAAA 车牌车辆属于：（　　）。

A. A 类　　　　　B. B 类　　　　　C. C 类　　　　　D. D 类

[**任务完成的记录** 5]

实训场景 8
物动量 ABC 分类

[知识点]

（1）根据入库计划，在物品到达前将储存的位置予以确定。

（2）确定物品储存的位置主要考虑平置库平面布局、物品在库时间、物品物动量高低等关键因素。高物动量的物品，在库时间一般较短，所以高物动量的物品应放置离通道或库门较近的地方。

[关键技能点]：物动量 ABC 分类，为确定物品储存位置做准备。

工作任务：物动量 ABC 分类。

[背景材料1]

某配送中心库存周转量统计（1月1日至4月14日）如表 2-39 所示。

表 2-39　库存周转量统计

序号	商品名称	编号	周转量/箱
1	饮料	D001	250
2	方便面	F001	200
3	葡萄酒	D002	10
4	巧克力	F002	1 000
5	色拉油	F003	160
6	洗发水	W001	100
7	沐浴露	W002	5
8	花露水	W003	80
9	香皂	W004	50
10	漱口水	W005	20

[操作与实训任务1]

制作物动量 ABC 分类表，且能够体现出分类表逻辑过程和分类情况。物动量 ABC 分类计算过程保留2位小数。

[任务完成的记录1]

[背景材料2]

苏宁电器的仓库里存放着9种产品,其产品型号、年销量和单价如表2-40所示。为了提高仓库的管理水平,该仓库的领导决定对在库产品进行ABC分类。根据商定的存货政策,占总销售额70%的品种为A类产品,占总销售额20%的品种为B类产品,占总销售额10%的品种为C类产品。

表2-40 库存统计

序号	产品型号	年销量/万台	单价/元
001	P-1	10	800
002	P-2	40	1 000
003	P-3	32	2 000
004	P-4	55	3 000
005	P-5	12	3 500
006	P-6	35	5 000
007	P-7	45	10 000
008	P-8	38	20 000
009	P-9	28	18 000

[操作与实训任务2]

(1) 请用排列图法按照年销售额的大小对在库产品进行ABC分类。
(2) 对产品进行ABC分类对物流管理工作有何意义?
(3) 产品的ABC分类是否永久不变?为什么?

[任务完成的记录2]

[背景材料3]

深圳市创富盛电子科技有限公司库存的集成电路、电容器、连接器等商品共计3424种，按每种商品年销售额从高到低顺序排成表2-41中的7个档次，并统计出每档次的品种数和销售金额。

表2-41 库存统计

每种商品年销售额 Q/万元	品种	销售金额/万元
$Q > 6$	260	5 800
$5 < Q \leq 6$	68	500
$4 < Q \leq 5$	55	250
$3 < Q \leq 4$	95	340
$2 < Q \leq 3$	170	420
$1 < Q \leq 2$	352	410
$Q \leq 1$	2 424	670

[操作与实训任务3]
试用 ABC 分类法给库存物品分类，并做出 A 类库存物品的管理方法。

[任务完成的记录3]

[背景材料4]

某企业有10种商品的库存，有关资料如表2-42所示。为了对这些库存商品进行有效的控制和管理，该企业打算根据商品的投资大小进行分类。

表2-42 库存统计

商品编号	单价/元	库存量/件
a	4.00	300
b	8.00	1 200
c	1.00	290
d	2.00	140
e	1.00	270
f	2.00	150

续表

商品编号	单价/元	库存量/件
g	6.00	40
h	2.00	700
i	5.00	50
j	3.00	2 000

[操作与实训任务 4]

(1) 请运用 ABC 分类法将这些商品分为 A、B、C 三类。

(2) 画出 ABC 分类管理图。

(3) 给出 A 类库存物资的管理方法。

[任务完成的记录 4]

实训场景 9
智能补货作业规划

【知识点】
（1）在智慧物流作业生产中，首先要考虑的是对原材料进行供应，通过分析价格水平、交货时间、准时表现和质量表现四大指标选择出一个最优的供应商。
（2）供应链管理的核心能力要求：具有根据现有的供应商或生产商的数据，分析预测供应市场状况的能力；具有制定和实施采购供应管理计划，保障销售计划或生产计划有效实施的能力；具有设计和调整物流系统，对货物仓储、运输、装卸、配送等工作进行管理的能力；具有编制和实施物料需求计划等能力。

【关键技能点】：对补货供应商的管理。

工作任务：智能补货生产作业场景规划分析。

[背景材料 1]

某原材料供应商指标数据见表 2-43。

表 2-43 某原材料供应商指标数据

序号	供应商名称	供应商代码	供货价格/（元/件）	提前期/天	准时率/%	合格率/%
1	宁波可心	AD10001	131	2.2	95.7	95.88
2	重庆言起	AD10002	146	2.7	94.8	93.65
3	广西德方	AD10003	144	2.7	90.2	91.95
4	广元安能	AD10004	129	2.3	94.9	88.97
5	哈尔滨吾科	AD10005	137	3.1	89.6	96.43

备注：计算最终结果四舍五入保留 4 位小数。

[操作与实训任务 1]
对补货供应商进行均值化分析。

[任务完成的记录 1]

[背景材料 2]

材料同表 2-43。

[**操作与实训任务**2]

对补货供应商进行无量纲化分析。

[**任务完成的记录**2]

[**背景材料**3]

材料同表2-43。

[**操作与实训任务**3]

对补货供应商进行无极性化分析。

[**任务完成的记录**3]

[**背景材料**4]

材料同表2-43,某原材料供应商评估指标权重,见表2-44。

表2-44　某原材料供应商评估指标权重

序号	评价指标	评价指标权重
1	价格水平	0.3
2	交货时间	0.3
3	准时表现	0.15
4	质量表现	0.25

[**操作与实训任务**4]

对补货供应商进行加权评分及排序。

[**任务完成的记录**4]

[**背景材料**5]

产能规划信息见表2-45。吹风机的BOM清单见表2-46。

表 2-45　产能规划信息

产品型号	年产能规划/件	班次/（班/日）	每日工作时长/（h/班）	月工作日/天	产线数量/条
吹风机 A	900 000	4	5	25	1
吹风机 B	900 000	4	5	25	1

表 2-46　吹风机的 BOM 清单

吹风机 A BOM 清单					
物料编码	BOM 清单	数量/件	长/mm	宽/mm	高/mm	重量/kg
6901236342083	电路板 A	1	45	30	30	0.15
6901236342084	镍铬合金丝 A	2	25	30	45	0.03
6901236342085	电机 A	2	35	50	45	0.25
6901236342086	PC 外壳 A	1	55	60	45	0.45
6901236342087	泡沫板 A	1	60	65	50	0.06

备注：吹风机 A 成品每件规格为 65 mm×70 mm×55 mm，重量 1.1kg。

吹风机 B BOM 清单					
物料编码	BOM 清单	数量/件	长/mm	宽/mm	高/mm	重量/kg
6901236342088	电路板 B	1	45	30	30	0.15
6901236342089	镍铬合金丝 B	2	25	30	45	0.03
6901236342090	电机 B	2	35	50	45	0.25
6901236342091	PC 外壳 B	1	55	60	45	0.45
6901236342092	泡沫板 B	1	60	65	50	0.06

备注：吹风机 B 成品每件规格为 65 mm×70 mm×55 mm，重量 1.1kg。

[操作与实训任务 5]

对补货供应商进行原材料月、日、班、小时的需求计算与分析。

[任务完成的记录 5]

[背景材料 6]

原材料存储库、线边库和成品库设备参数见表 2-47。

表 2-47 原材料存储库、线边库和成品库设备参数

原材料存储库设备参数			
货架规格/mm	900×800×2650	货架底层（托举）高度/mm	400
货架每层高度/mm	350	货架层数/层	5
物料料箱容器规格/mm	260×270×220	物料料箱有效使用空间	40%
原材料存储库存储量	A 类货物：1.5 天 B、C 类货物：1 天	料箱需求比例	1.15 倍
备注：1. 每个货位可放置 1 个容器； 　　　2. 原材料料箱需求根据料箱需求比例计算，最终结果按实际要求取整。			
线边库设备参数			
货架规格/mm	860×700×1000	货架排数	单排
物料料箱容器规格/mm	260×270×220	每货架放置容器量/个	8
货架层数/层	4	货架列数/列	1
物料料箱有效使用空间	40%		
备注：1. 每个生产工位设置 1 个原材料缓存货架，每条产线设置 1 个成品缓存货架； 　　　2. 每货位可放置 2 个容器； 　　　3. 原材料缓存货架每个货位只能存放 1 种原材料。			
成品库设备参数			
物料料箱容器规格/mm	260×270×220	货架排数	单排
货架层数/层	2	货架列数/列	1
物料料箱有效使用空间	40%		

[操作与实训任务 6]

对补货供应商进行料箱可利用空间计算。

[任务完成的记录 6]

[背景材料 7]

材料同表 2-45、表 2-46、表 2-47。

[操作与实训任务 7]

对补货供应商进行生产线搬运次数计算与分析。

[任务完成的记录 7]

[背景材料 8]

材料同表 2-45、表 2-46、表 2-47。
[操作与实训任务 8]
对补货供应商进行每天原材料料箱需求分析。
[任务完成的记录 8]

[背景材料 9]

材料同表 2-45、表 2-46、表 2-47。
[操作与实训任务 9]
对补货供应商进行货架需求分析。
[任务完成的记录 9]

实训场景 10
AGV 机器人设备需求分析

【知识点】
(1) 掌握智慧物流作业流程及规范；能熟练进行智慧物流作业活动；能熟练操作各种物流设施设备；掌握智慧物流作业过程的安全防护措施；较熟练地操作计算机；能进行物流规划与实施的管理活动。

(2) 物流数据分析的核心能力要求：具有物流系统数据采集、分析处理与决策支持的能力；具有对商务信息和物流数据进行分析与决策的能力；具有对物流业务进行数字化管理的能力。

【关键技能点】：对智能 AGV 机器人的正确分析。

工作任务：智能设施设备需求分析。

[背景材料 1]

每天生产线搬运的工作量为 32 次，AGV 机器人运行参数，见表 2-48。

表 2-48　AGV 机器人运行参数

AGV 行驶速度/（m/s）	1	AGV 步长/m	1.2
AGV 充电时长（0%~100%）/h	1	AGV 续航时间/h	4
AGV 到达作业位平均时间/s	8	站点切换平均时间/s	17
AGV 顶举货架平均时间/s	3	货架旋转平均时间/s	19
AGV 放下货架平均时间/s	3	工作站任务平均作业时间（一次搬运一箱）/s	24
AGV 单程平均转弯次数/次	3	AGV 平均转弯时间/（s/次）	3

备注：
1. AGV 到达货架平均时间 = 生产车间 AGV 到达拣选工作站平均时间 = 成品区 AGV 到达成品缓存货架的平均时间；
2. 充电桩固定充电时间为 2 880 s；
3. AGV 机器人旋转速度 30（°）/s。

[操作与实训任务 1]
对入库、拣选工作站的 AGV 机器人数量进行分析。

[任务完成的记录 1]

[背景材料2]

为了有效提升公司生产运营效率、改善产品质量，较好地服务客户需求，公司生产车间现计划改造升级为"智慧生产车间"，该车间主要包含原材料存储库、装配车间和成品库，目前已初步确定未来计划投入使用的主要硬件设备种类，具体为：原材料存储库（长16 m×宽10 m），采用货到人（GTP）作业模式与AGV机器人，主要用于原材料的存储与搬运。

充电桩与AGV按1∶4关系配置。

其他材料同表2-48。

[操作与实训任务2]

对原材料仓AGV的数量进行分析。

[任务完成的记录2]

[背景材料3]

为了有效提升公司生产运营效率、改善产品质量，较好地服务客户需求，公司生产车间现计划改造升级为"智慧生产车间"，该车间主要包含原材料存储库、装配车间和成品库，目前已初步确定未来计划投入使用的主要硬件设备种类，具体为：装配车间（长12 m×宽10 m），采用点到点（P2P）作业模式与AGV机器人，主要用于装配车间原材料补给。装配车间AGV原材料补给的转运接驳区域为长12 m×宽6 m。

每天生产线搬运的补货AGV送料总次数为32次。

其他材料同表2-48。

[操作与实训任务3]

对生产车间补货AGV的数量进行分析。

[任务完成的记录3]

[背景材料4]

为了有效提升公司生产运营效率、改善产品质量，较好服务客户需求，公司生产车间现计划改造升级为"智慧生产车间"，该车间主要包含原材料存储库、装配车间和成品库，目前已初步确定未来计划投入使用的主要硬件设备种类，具体为：产成品到自动化立体仓库的转运接驳区域为长 7 m×宽 5 m。

每天移库送料总次数为 14 次。

其他材料同表 2-48。

[操作与实训任务 4]

对成品转运区移库的 AGV 数量进行分析。

[任务完成的记录 4]

实训场景 11

智慧加工补料作业

【知识点】

物流项目运营的核心能力要求：具有现代物流仓储、配送、运输与供应链业务运营与管理的能力；具有利用仓储物流管理系统与物流运输管理系统完成仓储方案执行、运输调度计划制订的能力；具有利用大数据、人工智能等现代信息技术进行物流绩效评价与改进的能力；具有物流业务流程设计、功能平面布局设计、物流动线设计的能力；具有物流项目开发、执行、跟踪和物流市场开发、客户维护的能力；具有物流国际货运代理、物流全过程追溯的能力；具有探究学习、终身学习和可持续发展的能力。

【关键技能点】：对智慧加工补料作业进行正确分析。

工作任务：智慧加工补料作业规划分析。

[背景材料 1]

康乐科技是一家涵盖研发、制造和销售的电子设备制造企业，主要产品涵盖吹风机、卷发棒、剃须刀和直发梳等。随着经济的发展和人民生活品质的持续提升，康乐科技的产品销售市场前景广阔。同时，在数字化转型和发展的背景趋势下，康乐科技于浙江省台州市经济开发区滨海工业区新建了"智能制造 2025"示范工厂，工厂占地面积约为 6 500 ㎡，年产量超过 200 万件。

根据 BOM、现有库存数据及装配工序数据，综合考虑工位配送效率优先，制定吹风机所对应原材料的入库作业计划，并完成入库作业。入库后的库存需满足未来 1h 生产所需，入库量应为各原材料 1 个周转箱存储量的整数。

吹风机装配工序与节拍，见表 2-49；存储区数据，见表 2-50；周转箱装箱量，见表 2-51。

表 2-49 吹风机装配工序与节拍

产线名称	物料种类	组装工序 1 节拍	组装工序 1 物料	组装工序 2 节拍	组装工序 2 物料	组装工序 3 节拍	组装工序 3 物料
吹风机生产线	电路板 镍铬合金丝 电机 PC 外壳 外包装 泡沫板	22 s	电路板 镍铬合金丝	20s	电机 PC 外壳	18 s	外包装 泡沫板

表2-50 存储区数据

拣选区及存储区基本信息			
原材料货到人存储区			
货架规格/mm	880×880×1800	货架层数/层	5
货架底层（托举）高度/mm	400	每层（双面）货位/个	6
货架每层高度/mm	300	货架数量/个	4
物料料箱容器尺寸/mm	350×270×125	货位数量/个	120
原材料电子拣选区			
容器规格/mm	410×310×150	货位数量/个	12
产成品自动化立库存储区			
容器规格/mm	350×270×125	货位数量A面/个	18
单位货架承重/kg	20	货位数量B面/个	20
说明：自动化立库存储区货架A面第一层有两个货位被传送带占用，A面货位数量为18个。			
线边缓存区			
容器规格/mm	350×270×125	单工位可存储容器量/个	4
货位编码规则			
区域	编码规则		
整体储位规则	储位编码采用四级编码结构，即库区代码-货架代码/工位代码-层代码-列代码		
原材料电子拣选区	1. 库区代码为DZ； 2. 共1个货架，货架采用2层6列； 3. 示例：货架1第1层第1列的货位编码为DZ-R1-01-01		
产成品自动化立库存储区	1. 库区代码为LK； 2. 共1个货架，货架采用4层5列，分AB面，A面第1层代码即为A1； 3. 示例：货架1A面第1层第1列的货位编码为LK-R1-A1-01		
原材料货到人存储区	1. 库区代码为HD； 2. 共4个货架，货架编码依次为R1，R2，R3，R4；货架采用5层双面拣选，分AB面，A面第1层代码即为A1； 3. 示例：货架R1的A面第1层第1列货位编码为HD-R1-A1-01、第2列为HD-R1-A1-02、第3列为HD-R1-A1-03		
线边缓存区	1. 库区代码为SC； 2. 共4个工位，工位编码依次为R1，R2，R3，R4；每个工位均为1层，含4个储位； 3. 示例：工位1第1个货位编码为SC-R1-01-01，工位1第2个货位编码为SC-R1-01-02		
拣选区及存储区初始库存数据			
原材料货到人存储区库存数据			

续表

储位编码	物料编码	货品名称	数量/件
HD－R1－A2－01	6901236342083	电路板	29
HD－R1－B2－01	6901236342083	电路板	29
HD－R1－B3－02	6901236342084	镍铬合金丝	60
HD－R1－B3－03	6901236342084	镍铬合金丝	60
HD－R1－A3－01	6901236342085	镍铬合金丝	60
HD－R2－A3－02	6901236342085	电机	49
HD－R2－B3－01	6901236342085	电机	49

说明：货到人存储区采用5层双面拣选，共4个货架，其中第一层和第五层均被其他货物占用，此次货物入库仅可使用货架的第二层、第三层和第四层。

原材料电子拣选区库存信息			
储位编码	物料编码	货品名称	数量/件
DZ－R1－02－01	6901236343045	外包装	45
DZ－R1－02－02	6901236343045	外包装	45
DZ－R1－02－03	6901236343045	外包装	45
DZ－R1－02－04	6901236343045	外包装	45
DZ－R1－01－01	6901236343046	泡沫板	41
DZ－R1－01－02	6901236343046	泡沫板	41
DZ－R1－01－03	6901236343046	泡沫板	41
DZ－R1－01－04	6901236343046	泡沫板	41

产成品自动化立库存储区库存信息			
储位编码	物料编码	货品名称	数量/件
LK－R1－A2－01	6901236342095	吹风机	6

说明：
①产成品自动化立库存储区其余皆为空储位；
②在合理规划线性搬运AGV机器人的情况下，应尽量提高产成品入库存储的及时率。

线边缓存区库存信息			
储位编码	物料编码	货品名称	数量/件
SC－R1－01－01	6901236342083	电路板	3
SC－R1－01－03	6901236342084	镍铬合金丝	15
SC－R2－01－01	6901236342085	电机	36
SC－R2－01－03	6901236342086	PC外壳	18
SC－R3－01－01	6901236343045	外包装	11
SC－R3－01－03	6901236343046	泡沫板	5

续表

> 说明：
> ①补货需按整箱补货；
> ②每个工位可存放 4 个周转箱的缓存物料；
> ③产成品入库时间可依据线性搬运 AGV 机器人的空闲程度自由分配，当补料和成品入库发生冲突时，为保证不出现停工待料，应优先进行补料。

表 2-51 周转箱装箱量

原材料/产成品	周转箱（350 mm×270 mm×125 mm）装箱量/件	周转箱（410 mm×310 mm×150 mm）装箱量/件
电路板	29	41
镍铬合金丝	60	60
电机	49	52
PC 外壳	28	35
外包装	36	45
泡沫板	18	41
吹风机	19	22

[操作与实训任务 1]

对物料的计划入库数量进行分析。

[任务完成的记录 1]

[背景材料 2]

康乐科技是一家涵盖研发、制造和销售的电子设备制造企业，主要产品涵盖吹风机、卷发棒、剃须刀和直发梳等。随着经济的发展和人民生活品质的持续提升，康乐科技的产品销售市场前景广阔。同时，在数字化转型和发展的背景趋势下，康乐科技于浙江省台州市经济开发区滨海工业区新建了"智能制造 2025"示范工厂，工厂占地面积约为 6 500 ㎡，年产量超过 200 万件。

其他材料同表 2-49、表 2-50。

[操作与实训任务 2]

对作业策略配置进行分析，要求电子拣选区用于存储包装材料、货到人存储区用于存储其他原材料，自动化立库存储区用于存储产成品，请完成吹风机所对应原材料和产成品的存储策略设置。

[任务完成的记录 2]

[背景材料2]

康乐科技是一家涵盖研发、制造和销售的电子设备制造企业，主要产品涵盖吹风机、卷发棒、剃须刀和直发梳等。随着经济的发展和人民生活品质的持续提升，康乐科技的产品销售市场前景广阔。同时，在数字化转型和发展的背景趋势下，康乐科技于浙江省台州市经济开发区滨海工业区新建了"智能制造2025"示范工厂，工厂占地面积约为6 500 ㎡，年产量超过200万件。

智能设备运行数据，见表2-52；产品与BOM数据，见表2-53。

表2-52 智能设备运行数据

线性搬运AGV前往货到人存储区完成补料作业的平均往返时间/min	2
线性搬运AGV前往电子拣选区完成补料作业的平均往返时间/min	1.5
线性搬运AGV机器人最多可承载周转箱数量/个	2
线性搬运AGV将产成品从工位运送至自动化立库存储区的平均时间/s	15
立库料箱从起始位运行至设定库位的平均时间/s	35

表2-53 产品与BOM数据

吹风机　BOM清单						
物料编码	物料名称	数量/件	长/mm	宽/mm	高/mm	重量/kg
6901236342083	电路板	1	45	30	30	0.15
6901236342084	镍铬合金丝	2	25	30	45	0.03
6901236342085	电机	2	35	50	45	0.25
6901236342086	PC外壳	1	55	60	45	0.45
6901236343045	外包装	1	60	65	45	0.15
6901236343046	泡沫板	1	60	65	50	0.06
产成品信息						
货品编码	货品信息	长/mm	宽/mm	高/mm	重量/kg	
6901236342095	吹风机	65	70	55	1.1	

其他材料同表2-49、表2-50。

[操作与实训任务3]

对作业策略配置进行分析，要求根据存储区、装配工序和搬运机器人数据，分析计算吹风机各原材料补料点，并完成补料规则设置。

[任务完成的记录3]

[背景材料 4]

康乐科技是一家涵盖研发、制造和销售的电子设备制造企业，主要产品涵盖吹风机、卷发棒、剃须刀和直发梳等。随着经济的发展和人民生活品质的持续提升，康乐科技的产品销售市场前景广阔。同时，在数字化转型和发展的背景趋势下，康乐科技于浙江省台州市经济开发区滨海工业区新建了"智能制造2025"示范工厂，工厂占地面积约为 6 500 ㎡，年产量超过 200 万件。

在系统中下达 41 个吹风机产品的排产指令，并完成生产补料的组织管理。按要求完成下列任务：根据排产计划，完成班次开始前的初始补料作业，并进行物料齐套性检查；在系统中下达排产指令，系统按照节拍自动完成模拟生产仿真流程，并根据配置驱动生产补料和产成品下线指令的自动下达；结合补料配置和作业看板提示，及时完成 JIT 生产补料作业，避免出现停工待料。

其他材料同表 2-49、表 2-50、表 2-51、表 2-53。

[**操作与实训任务** 4]

对生产补料进行分析。

[**任务完成的记录** 4]

[背景材料 5]

康乐科技是一家涵盖研发、制造和销售的电子设备制造企业，主要产品涵盖吹风机、卷发棒、剃须刀和直发梳等。随着经济的发展和人民生活品质的持续提升，康乐科技的产品销售市场前景广阔。同时，在数字化转型和发展的背景趋势下，康乐科技于浙江省台州市经济开发区滨海工业区新建了"智能制造2025"示范工厂，工厂占地面积约为 6 500 ㎡，年产量超过 200 万件。

在系统中下达 41 个吹风机产品的排产指令，并完成生产补料的组织管理。按要求完成下列任务：根据排产计划，完成班次开始前的初始补料作业，并进行物料齐套性检查；在系统中下达排产指令，系统按照节拍自动完成模拟生产仿真流程，并根据配置驱动生产补料和产成品下线指令的自动下达；结合补料配置和作业看板提示，及时完成 JIT 生产补料作业，避免出现停工待料。

产成品工位可同时存放 2 个周转箱。

其他材料同表 2-49、表 2-50、表 2-51、表 2-53。

[**操作与实训任务** 5]

对成品的存储进行计算与分析。

[**任务完成的记录** 5]

实训场景 12
仓库的选择与容量规划

【知识点 1】
（1）由于租赁的仓库为第三方仓库，无须考虑仓库内设施陈设、通道等因素，仅需按第三方仓库的报价，结合所需货物面积评估要租赁的仓库面积即可。

（2）由于仓库的成本与使用面积直接挂钩，且仓库采取越库发货的方式，因此对于仓库面积的利用，仅需保证一天的货物存储量。

（3）在计算物流成本时，以某个月份的总订货量作为货物量的物流重量。

（4）货物在配送中心，仅能以箱装形式存放，不同的商品，不可堆叠在相同位置。

（5）由于门店可拆零收货，所以计算到达门店的物流重量时，可选用最小单位的重量。

（6）在成本计算时，可直接采用总部测算出来的平均物流成本，作为计量单位。

【知识点 2】
（1）吞吐量是指一段时期内进、出仓库的货物数量。吞吐量是衡量吞吐规划的量化指标。吞吐量是实体货物流动的情况，当货物仅存在信息传递但没有真正入库或出库时，不计入吞吐量。

（2）在零售物流中，一段时间内入库量、出库量、销售量会趋近于平衡，我们可以用销售数量推测出库数量，得到下列公式：出库数量 = 销售数量 = 销售金额/平均销售价格。

（3）在推算仓库吞吐量时，采用日均出库量更有意义，得出公式：日均出库量 = 出库数量/出库日，式中：出库日是这段时间内实际配送活动天数。

（4）在实际业务中，因为仓库商品一般采用 ABC 分类管理，所以在预测吞吐量时，需要结合分类结果，来估算不同品类商品的吞吐需求。

（5）根据商品日均出库量与平均在库天数可求出商品库存量：商品库存量 = 商品日均出库量×商品平均在库天数

【关键技能点】：对备选仓库，进行正确的分析；对仓库的容量，进行正确的规划。

工作任务 1：仓库的选择。

[背景材料 1]

目前万和家连锁集团公司的经营版图中，有一个非常大的空缺——保质期较短商品（食品）的经营。过去，我们主动选了避开这些高毛利、高成本、高损耗的品类，也取得了巨大的成功。但因为网购和疫情的双重影响，消费者的消费习惯发生了巨大改变——非生鲜食品网购、生鲜食品在线买菜的组合购物模式，也变得越来越普遍。

基于这个背景，董事会提出了超级生鲜战略，我们将对我们在全国的便利店进行改造，将其变为前店后仓的超级便利店，前店用来满足一般性的便利店消费需求，后仓则用来满足线上消费需求。

生鲜供应链复杂度高、投入高，不能直接引入大量供应商，并直接构筑庞大的生鲜供应链体系，所以，先以短保商品为例开始我们的门店改造与供应链体系改造。

目前，已经在深圳片区的门店开展了试点经营。经过1个月的试点经营，经营效果很理想，但问题也很多，特别是供应链体系，前期总部为了保证减少缺货，采取了饱和式供货的方法，各项成本居高不下、货损问题频发，这种状态的供应链体系，显然无法支撑整个集团对该品类的巨大投入。所以希望能通过这些门店的经营数据，为构建梳理清楚本次经营产生的问题，并提出行之有效的解决方案。

通过与配送中心仓储部门人员的沟通，得知，当前对旧有仓库的冷链区域使用非常不方便，经公司高层决定，将于10月份，在冷链试点城市深圳重新租赁一个冷链仓库，并直接投入使用。首先让仓储部门采集了深圳有对外租赁业务的冷库的各项资料，并从中挑选出了设备、服务、交通情况等各方面条件都非常适宜的三个冷链仓库。

有关数据，见表2-54~表2-59。

表2-54 各个仓库到门店的距离（单位：m）

门店 仓库	万和家（One Avenue 卓悦中心店）	万和家（华润万象汇）	万和家（科技南一路店）	万和家（科苑南路店）	万和家临时仓库
清湖冷链	14 392	11 021	18 887	18 916	78 932
深粮冷链曙光冷库	11 950	18 490	3 460	3 745	81 704
丹平冷库	15 709	7 349	24 995	24 816	85 794

表2-55 门店销售量数据

门店与所销售的商品	采购量
万和家（One Avenue 卓悦中心店）	773
海南生椰乳	156
花农酸奶（原味）	310
梅林家奶香面包	155
黑椒牛柳三明治	152
万和家（华润万象汇）	2 948
海南生椰乳	774
花农酸奶（原味）	1552
梅林家奶香面包	311
黑椒牛柳三明治	311
万和家（科技南一路店）	1239

续表

海南生椰乳	310
花农酸奶（原味）	622
梅林家奶香面包	153
黑椒牛柳三明治	154
万和家（科苑南路店）	1243
海南生椰乳	310
花农酸奶（原味）	622
梅林家奶香面包	155
黑椒牛柳三明治	156
总计	6203

表2－56　商品核心属性数据

货物名称	品种	规格	单位	包装单位	箱内数量
海南生椰乳	低温奶饮品	180 mL	瓶	箱	4（瓶）
花农酸奶（原味）	乳酸菌制品	110 g	瓶	箱	9（瓶）
梅林家奶香面包	冷链面包	325 g	个	箱	4（袋）
黑椒牛柳三明治	冷链三明治	420 g	份	箱	4（袋）

表2－57　商品物流属性数据

货物名称	包装单位	包装箱长/cm	包装箱宽/cm	包装箱高/cm	整箱重量/kg	箱内单位重量/kg	包装箱承重/kg
海南生椰乳	箱	54.5	32.5	22.8	1.2	0.3	7
花农酸奶（原味）	箱	32.5	21.5	12.8	1.8	0.2	7
梅林家奶香面包	箱	64.5	33.5	23.5	1.2	0.3	6
黑椒牛柳三明治	箱	64.5	33.5	23.5	2	0.5	7

表2－58　仓库信息

仓库名称	仓库状态	仓位费/(元/(㎡·月))	最小租赁面积单位/㎡	联系人	联系电话	地址
深粮冷链曙光冷库	未租赁	110	0.5	朱轻即	13798765433	深圳市南山区创盛路茶光幼儿园南侧
清湖冷链	未租赁	104	0.5	张格	13798765434	广东省深圳市龙华区清祥路23号

续表

仓库名称	仓库状态	仓位费/(元/(㎡·月))	最小租赁面积单位/㎡	联系人	联系电话	地址
丹平冷库	未租赁	220	0.5	钟发	13798765438	广东省深圳市龙岗区丹平路101号

表 2-59 总部测量运营数据

项次	数据值	说明
门店订单处理时间/(条/(人·min))	10	采购部门处理门店订单的速度，此项值为平均值，订单越多，需要的时间越长或处理订单的人越多
短保食品采购专员人数/个	2	专职处理短保食品采购的工作人员数量
采购订单处理时间/(min/家)	30	指完成门店订单处理后，向供应商下达采购订单所需要的处理时间
商品单次采购成本/(元/次)	60	商品单次采购成本指的是综合采购订单下达行为的各项活动后，产生的成本。该成本仅与采购订单的下单次数有关，与采购订单中的商品种类及数量无关
平均物流成本/(元/(kg·km))	0.075	经过输送部测算，在深圳市区配送时产生的平均输送费用，该费用可以用仓库与门店的直接距离计算，不用考虑车型、路线、空返等问题

[操作与实训任务1]

对新仓库所需的租赁面积进行计算及其费用进行分析。

[操作与实训任务2]

对各个仓库到门店的输配费用进行分析计算，计算出各个仓库所需要的运营费用。

[任务完成的记录1]

[任务完成的记录2]

工作任务2：仓库的容量规划。

[背景材料2]

万盛商贸根据公司业务发展考虑在某地新建仓库，公司目前在该地的商品吞吐量情况见表 2-60。公司根据目前订单状况对未来 5 年的销售金额、平均销售价格进行预测，得出未来销售金额为 30 亿元/年，平均销售价格是 800 元/箱。预计 5 年后食品日均出库量占总日均出库量的 65%，其中，A 类商品价值较高且流通速度快，日均出库量占总日均出库量的 10%；B 类商品日均出库量占总日均出库量的 60%；C 类商品日均出库量占总日均出库量的 30%。5 年后通过业务流程的完善，预计食品类商品平均在库天数在目前的基础上减少 2 天，日用品减少 1 天。仓库每月业务工作日为 25 天。

表 2-60　商品吞吐量情况

商品 ABC 分类	品种数/个	日均出库量/箱	库存量/箱	平均在库天数/天
食品 A	115	530	4 240	8
食品 B	270	3 220	32 200	10
食品 C	865	1 550	23 250	15
合计	1 250	5 300	59 690	—
日用品 A	88	351	2 106	6
日用品 B	102	2 013	16 104	8
日用品 C	200	980	11 760	12
合计	390	3 344	29 970	—
总计	1 640	8 644	89 660	—

[操作与实训任务 3]

预测 5 年后的总吞吐量。

[操作与实训任务 4]

预测 5 年后的分类吞吐量。

[操作与实训任务 5]

根据新的平均在库天数条件，进行库存需求分析。

[任务完成的记录 3]

[任务完成的记录 4]

[任务完成的记录 5]

实训场景 13
仓配成本的管控

【知识点】
（1）物流成本管理：是通过对物流成本的有效把握，利用物流要素之间的效益背反关系，科学、合理地组织物流活动，加强对物流活动过程中费用支出的有效控制，降低物流活动中的物化劳动和活劳动的消耗，最终达到在保证一定物流服务水平的前提下降低物流总成本，提高企业和社会经济效益的管理活动。

（2）物流成本归集：是指对企业生产经营过程中所发生的各种物流费用，按一定的对象，如各种产品、作业各个车间或部门所进行的成本数据的收集或汇总。

（3）物流成本分析：指利用物流成本核算数据和其他相关资料，以本期实际物流成本指标与目标物流成本指标、上期实际物流成本指标、国内外同类企业的物流成本指标等进行比较，以便了解物流成本相关指标升降变动情况，及其变动的因素与原因，并分清单位与个人的责任。

（4）物流成本预测：指依据物流成本与各种技术经济因素的依存关系，结合发展前景及采取的各种措施，并利用一定的科学方法，对未来期间物流成本水平及其变化趋势作出科学的推测和估计。

（5）物流成本决策：是指根据物流成本分析与物流成本预测所得的相关数据与结论，运用定性与定量的方法，选择最佳成本方案的过程。

（6）物流成本控制：是企业在物流活动中依据物流成本标准，对实际发生的物流成本进行严格审核，发现浪费，进而采取不断降低物流成本的措施，实现预定的物流成本目标。

（7）作业成本法：简称 ABC 法，也称为作业成本会计或作业成本核算制度。是一种通过对所有作业活动进行追踪的动态反映，计量作业和成本对象的成本，评价作业业绩和资源的利用情况的成本计算和管理方法。

（8）物流成本计算的原则：为提高物流成本核算的质量，发挥成本核算的作用，计算成本时注意应遵循以下原则：①合法性原则，成本核算遵循合法性原则，有助于保证成本信息的合法性和有用性。②可靠性原则，包括真实性和可核实性，是为了保证成本核算信息的正确可靠。③相关性原则，包括成本信息的有用性和及时性。④分期核算的原则，成本核算分期必须与会计年度的分月、分季、分年一致，这样可以便于利润的计算。⑤权责发生制原则，成本核算应该以权责发生制原则为基础。⑥按实际成本计价的原则，保证成本信息的真实性。⑦一致性原则，使各期的成本资料有统一口径，前后连贯，互相可比，以提高成本信息的利用程度。⑧重要性原则，应管理要求，区分主次，对物流成本有重大影响的项目，应作为管理重点，力求精确，不太重要的琐碎项目，可以从简处理。

智慧仓配运营

【关键技能点】：对仓储与配送等物流成本，进行合理的分析，并做出正确的判断。

工作任务：仓配成本的管控

[背景材料1]

嘉和物流2024年6月主要为美乐美和乐美乐两家连锁超市提供仓储服务，企业采用共用资源为两家提供服务，因此需要采用作业成本法对间接费用进行分摊。除此之外，企业想了解什么经费项目花费最多、以后在物流成本管理应以此为重点。企业2024年6月物流费用发生支出情况见表2-61、表2-62。

表2-61　嘉和物流6月物流费用情况

序号	日期	费用名称	金额/元
1	2024年6月1日	信息员工资	10 000
2	2024年6月1日	质检员工资	15 000
3	2024年6月1日	叉车工工资	15 000
4	2024年6月1日	库管员工资	20 000
5	2024年6月5日	信息设备维修费	12 000
6	2024年6月5日	验收设备维修费	34 000
7	2024年6月9日	叉车折旧费	60 000
8	2024年6月11日	验收工具费	5 000
9	2024年6月15日	库房租赁费	44 000
10	2024年6月19日	出入库打包耗材费	5 000
11	2024年6月23日	存储用扎带、缠绕膜等耗材费	5000
12	2024年6月30日	叉车燃料费	10 000
13	2024年6月30日	业务单据费	5 000
14	2024年6月30日	信息处理区水电费分摊	5 000
15	2024年6月30日	验收区水电费分摊	4000
16	2024年6月30日	货物进出口区水电费分摊	4 000
17	2024年6月30日	存储区水电费分摊	7 000
		合计	260 000

表2-62　客户订单及资源占用表

项目（单元）	美乐美	乐美乐	合计
月订单总数/份	10 000	6 000	16 000
质量检验次数/次	600	400	1 000
货物出入库人工总工时/h	1000	500	1 500
使用仓库面积/㎡	13000	10 000	23 000

[操作与实训任务1]
按照费用发生情况及企业核算需求,确定物流成本核算方式。
[操作与实训任务2]
分析并确定物流成本核算项目。
[操作与实训任务3]
采用作业成本法核算间接成本。

[任务完成的记录1]

[任务完成的记录2]

[任务完成的记录3]

[背景材料2]

大鹏物流集团公司流通加工事业部生产甲、乙两种产品,其生产工艺过程基本相同,但其销售模式不同,其中甲产品采取传统销售模式,采用大批量的方式销售给全国各地的集团子公司,而乙产品采用电子商务方式销售,采取小批量的方式直接发货给集团子公司的实际使用者。该公司采用作业成本法计算物流成本,所涉及的作业主要有订单处理、挑选包装、装卸搬运、运输和信息管理。

(1) 本月共处理甲产品订单10份,乙产品订单2 050份。

(2) 包装机3台,全月总共可利用机器650 h。本月共调整机器100次,其中甲产品10次,乙产品90次,共消耗机器工时65 h。除此之外,包装甲产品150 h,包装乙产品400 h。

(3) 装卸搬运全月总共提供940 h的生产能力,其中甲产品耗用120 h,乙产品耗用820 h。

(4) 甲产品运输采用整车运输,乙产品运输采用零担运输。

(5) 本月甲产品耗用一般管理工时为130 h,乙产品耗用一般管理工时为446 h。

该企业本月所耗用的各类资源价值见表2-63。

表2-63 各类资源价值表

资源项目	工资	电力	折旧	办公费	运输费
资源价值	30 000	5 200	45 000	8 500	156 500

上述费用中，订单处理人员工资6 000元，包装人员工资8 500元，搬运人员工资12 000元，ERP管理人员工资3 500元；包装机械消耗电力费用4 500元，其他电力费用主要由一般管理消耗（其他活动不分配电力费用）；折旧费用中，包装机械折旧费为30 000元，其他为一般消耗；办公费中订单处理消耗2 500元，其他为一般管理消耗；运输费用中，甲产品运输费为54 000元，乙产品运输费为102 500元。

[操作与实训任务4]

采用作业成本法分配计算该企业甲产品和乙产品的物流成本。

[任务完成的记录4]

[背景材料3]

建升公司在长沙有较大量的且比较稳定的仓储空间需求，为了获取这一长期稳定的仓储空间，企业可以有两种选择：一种使用公共仓库，在满足企业需求的前提下该公共仓库每年要收取企业存储费600 000元，搬运费450 000元；另一种方案是自建仓库，建造企业需要的仓库的投资为6 700 000元，使用年限为10年，净残值700 000元，以直线法折旧，法定残值为600 000元，此外，为了实施仓储作业，企业还要付出每年580 000元的运营成本。企业选定的贴现率为10%，所得税率为40%。

[操作与实训任务5]

请问该企业在内含报酬率法下，应当如何面对仓库的抉择？

[任务完成的记录5]

[背景材料4]

运喆公司的生产地点设于甲地，其产品的消费者分散于较为广泛的地理区域。开始企业将产品直接送往各个零售店，如图2-10所示。

由于零售店没有充足的仓储空间，因此企业必须进行多频次、小批量供货，根据统计，企业平均每年要运输2 010次，每次运输的量平均为200件，每件产品的平均运输成本为9.8元，每次运输的平均成本为1 960元。由于每次运输的货品的批量越大，则单位货品所分摊的运输成本就越低，所以企业希望通过建立中转仓库来降低运输成本。经过考察，企业在乙地找到了一个可以租赁的仓库。如果租赁了该仓库空间，企业便可以按以下方式进行产品的运输。

如图2-11所示，在租赁了仓库之后，企业先将产品以8 000件的批量从甲地运往乙地，此时，由于运送时批量的加大以及运输距离的缩短，每件产品的运输成本降为 2.9 元，这样每批产品从甲地至乙地的运输成本为 23 200 元，在产品进入仓库后，企业再根据零售店的要求将产品配送至各零售网点，此时每次依然运送 200 件，每年平均运送 2 010 次，但由于运输距离的缩短，每件产品平均的运输成本变为 2 元，每次运送的平均成本为 400 元。

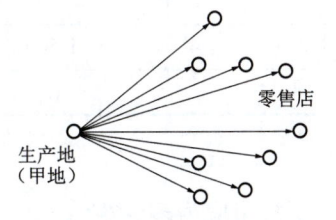

图 2-10　企业将产品直接送往各个零售店

图 2-11　由租赁的仓库将产品送往各个零售店

[操作与实训任务 6]

请问该企业在差量分析法下，应当如何面对仓库的抉择？

[任务完成的记录 6]

[背景材料 5]

梦想集团公司在考虑库存持有成本与其他成本等因素，面临三个仓储的方案，其变动成本与固定成本数据见表 2-64。

表 2-64　仓库选择的有关数据表

仓库类型	固定成本	变动成本
公共仓库	0	50
租赁仓库	10 000	25
自有仓库	30 000	15

[操作与实训任务 7]

请你选择在存储量 300 t、1 500 t、5 000 t 时，各应该选择什么仓库？

[任务完成的记录 7]

[背景材料 6]

A 商品供应商俊轩公司为了促销，采取以下折扣策略：一次购买 1 000 个以上打 9 折；一次购买 1 500 个以上打 8 折。若单位商品的仓储保管成本为单价的一半。

掌握的资料还有：$D = 30\,000$ 个，$P = 20$ 元，$C = 240$ 元，$H = 10$ 元，$F = H/P = 10/20 = 0.5$。

多重折扣价格表，见表 2 – 65。

表 2 – 65　多重折扣价格表

折扣区间	0	1	2
折扣点/个	0	1 000	1 500
折扣价格/（元/个）	20	18	16

[操作与实训任务 8]

在这样的批量折扣条件下，对该商品的最佳经济订货批量应为多少？

[任务完成的记录 8]

[背景材料 7]

筱玉快餐连锁公司拟建一个快餐配送中心，该项目有产以后每月固定费用为 60 万元。假设每份快餐的售价为 12 元，变动成本率为 60%。

[操作与实训任务 9]

请问该中心每个月需要配送多少份快餐才可以实现盈亏平衡？

[操作与实训任务 10]

如果该中心每月配送 15 万份快餐，则该中心可实现的利润是多少？这时该中心的盈亏平衡点作业率和安全边际率是多少？

[操作与实训任务 11]

假设该中心每月计划盈利 20 万元，该中心至少应该配送多少份快餐？

[任务完成的记录 9]

[任务完成的记录 10]

[任务完成的记录 11]

[背景材料8]

已有两个物流园区 F1 和 F2 负责供应四个销售点 P1、P2、P3、P4，由于需求量不断增加，需要再设一个物流园区，可以供选择的地点是 F3 和 F4。根据已有资料，分析得出各物流园区到各销售点的总费用，见表2-66。

表2-66 各地供应量、需求量、运输费率表

费率 供应地 需求地	P1	P2	P3	P4	供应量/件
F1	8.00	7.80	7.70	7.80	7 000
F2	7.65	7.50	7.35	7.15	5 500
F3	7.15	7.05	7.18	7.65	12 500
F4	7.08	7.20	7.50	7.45	
需求量/件	4 000	8 000	7 000	6 000	25 000

[**操作与实训任务** 12]

请在 F3 和 F4，选择一个作为最佳地址。

[**任务完成的记录** 12]

[背景材料9]

南昌市望城物流公司计划租用仓库，有两个备选方案：一是租用年租金100万元的大型仓库；二是租用年租金70万元的小型仓库。经过分析，今后几年物流市场可能出现好、一般、差三种情况，其出现的概率，以及在这三种情况下公司的收入，见表2-67。

表2-67 收益表

（单位：万元）

方案	好	一般	差
概率	0.5	0.3	0.2
租用大型仓库	300	120	-60
租用小型仓库	80	150	100

[**操作与实训任务** 13]

请进行租用大型仓库，或小型仓库的方案选择。

[**任务完成的记录** 13]

模块三
经理岗位管理提升篇

实训场景 1
智慧仓配作业方案设计校际选拔赛训练题

[背景材料]

一、案例背景

A 物流公司是天津市一家知名第三方物流公司。A 物流公司不但提供仓储、运输服务，同时也为 M 公司提供仓储分销服务，A 物流公司向 M 公司本地工厂订货时均为送货上门，向外地工厂订货时为工厂送货上门。

（一）客户信息

1. 客户一：达兴公司（见表 3-1）

表 3-1 达兴公司

客户编号	06250201				
公司名称	达兴公司		助记码	DX	
法人代表	田甜	家庭地址	天津市南开区密云路新南马路 3 栋	联系方式	022-24007509
证件类型	营业执照	证件编号	120106790912880	营销区域	天津市
公司地址	天津市东丽区	邮编	300313	联系人	吴国福
办公电话	022-24412090	家庭电话	022-24860031	传真号码	022-24564399
电子邮箱	WGF@126.com	QQ 账号	3753885316	MSN 账号	WU@msn.com
开户银行	平安银行		银行账号	6220998066752001	
公司性质	民营	所属行业	零售业	注册资金	200 万元	经营范围	食品、百货
信用额度	50 万元	忠诚度	一般	满意度	一般	应收账款	47.9 万元
客户类型	一般型		客户级别	C	

2. 客户二：乐草堂连锁集团（见表 3-2）

表 3-2 乐草堂连锁集团

客户编号	06250202				
公司名称	乐草堂连锁集团		助记码	LCT	
法人代表	徐乐	家庭地址	天津市宾水道宾泰公寓 a 座 701 河西区	联系方式	022-26440969
证件类型	营业执照	证件编号	120104810415906	营销区域	天津市

续表

客户编号	06250202						
公司地址	天津市河西区		邮编	300202	联系人	贾明明
办公电话	022-24209935	家庭电话	022-24375098		传真号码	022-24229840
电子邮箱	jiamm@126.com	QQ 账号	1209665		MSN 账号	MING@msn.com
开户银行	广发银行		银行账号	6200876055671223		
公司性质	民营	所属行业	零售业	注册资金	1 200 万元	经营范围	食品、百货
信用额度	100 万元	忠诚度	较高	满意度	较高	应收账款	99.7 万元
客户类型	一般性（待发展为重点型）			客户级别	B		

3. 客户三：星美公司（见表 3-3）

表 3-3　星美公司

客户编号	06250203						
公司名称	美华星美公司			助记码	XM		
法人代表	刘金逸	家庭地址	天津市河东区津塘公路与十五经路交口		联系方式	022-28200946	
证件类型	营业执照	证件编号	120102540706430		营销区域	天津市	
公司地址	天津市河东区		邮编	300171	联系人	宋海鹏	
办公电话	022-28300998	家庭电话	022-28766009		传真号码	022-28332176	
电子邮箱	SHP@126.com	QQ 账号	1890334		MSN 账号	SHP@msn.com	
开户银行	平安银行		银行账号	6309007644533321			
公司性质	民营	所属行业	零售业	注册资金	1 500 万元	经营范围	食品、百货
信用额度	180 万元	忠诚度	高	满意度	较高	应收账款	179.5 万元
客户类型	重点型			客户级别	A		

4. 客户四：华丰公司（见表 3-4）

表 3-4　华丰公司

客户编号	06250204						
公司名称	华丰公司			助记码	HF		
法人代表	田雪梅	家庭地址	天津市河西区郁江道 21 号		联系方式	022-26844530	
证件类型	营业执照	证件编号	120104950417643		营销区域	天津市	
公司地址	天津市河西区		邮编	300202	联系人	李成玲	
办公电话	022-24550921	家庭电话	022-24009845		传真号码	022-24300921	
电子邮箱	licl@126.com	QQ 账号	200980123		MSN 账号	LCL@msn.com	

续表

客户编号	06250204				
开户银行	华夏银行		银行账号	6007880944531336	
公司性质	民营	所属行业	零售业	注册资金	210万元	经营范围	食品、百货、办公用品、服装鞋帽
信用额度	50万元	忠诚度	一般	满意度	低	应收账款	49.6万元
客户类型	一般型（将淘汰至C级）		客户级别	B	

5. 客户五：桃源集团（见表3-5）

表3-5 桃源集团

客户编号	06250205				
公司名称	桃源集团		助记码	TY	
法人代表	陶宁	家庭地址	天津市南开区福安大街	联系方式	022-26770984
证件类型	营业执照	证件编号	120106750476402	营销区域	天津市
公司地址	天津市南开区		邮编	300100	联系人	石慧
办公电话	022-26998053	家庭电话	022-26550987	传真号码	022-265233145
电子邮箱	SH@126.com	QQ账号	1500987023	MSN账号	shihui@msn.com
开户银行	招商银行		银行账号	6540981233219076	
公司性质	民营	所属行业	零售业	注册资金	2 000万元	经营范围	食品、百货、办公用品、服装鞋帽
信用额度	240万元	忠诚度	高	满意度	高	应收账款	239.6万元
客户类型	伙伴型		客户级别	A	

6. 客户六：美华公司（见表3-6）

表3-6 美华公司

客户编号	062506				
公司名称	美华公司		助记码	MH	
法人代表	陈昊	家庭地址	天津市南开区白堤路70号	联系方式	022-26009876
证件类型	营业执照	证件编号	120106781211002	营销区域	天津市
公司地址	天津市津南区		邮编	300112	联系人	刘明
办公电话	022-28760765	家庭电话	022-28703565	传真号码	022-28878865
电子邮箱	chenh@126.com	QQ账号	2008760	MSN账号	chen@msn.com

续表

客户编号			062506			
开户银行		江苏银行		银行账号	3509609854374202	
公司性质	民营	所属行业	零售业	注册资金	600万元	经营范围	食品、百货
信用额度	20万元	忠诚度	一般	满意度	低	应收账款	19.8万元
客户类型		普通型		客户级别	C	

注：表格第三、四行实际为8列。

7. 客户七：乐天集团（见表3-7）

表 3-7 乐天集团

客户编号			062507			
公司名称		乐天集团		助记码	LT	
法人代表	王恒	家庭地址	天津市红桥区西站西500米	联系方式	022-24279087	
证件类型	营业执照	证件编号	120106721015013	营销区域	天津市	
公司地址		天津市红桥区	邮编	300131	联系人	田明亮
办公电话	022-28760765	家庭电话	022-28703565	传真号码	022-28878865	
电子邮箱	wangh@126.com	QQ账号	124576320	MSN账号	wangn@msn.com	
开户银行		招商银行		银行账号	6540981233219076	
公司性质	民营	所属行业	零售业	注册资金	2 000万元	经营范围	食品、百货、办公用品、服装鞋帽
信用额度	200万元	忠诚度	高	满意度	高	应收账款	199.8万元
客户类型		母公司		客户级别	A	

（二）供应工厂信息

1. 供应商A（见表3-8）

表 3-8 供应商A

供应商名称	供应商A	供应商属性	本地供应商
法人代表	蒋韩雪	电话	022-24908807
联系人	李寅	传真	022-24908809
地址	天津市滨海新区	邮箱	lliyin@163.com

2. 供应商 B（见表 3-9）

表 3-9　供应商 B

供应商名称	供应商 B	供应商属性	外地供应商
法人代表	温华晨	电话	027-46700931
联系人	高海源	传真	027-46700902
地址	武汉市武昌区	邮箱	GAOhy@163.com

（三）物动量分析（见表 3-10 ~ 表 3-16）

表 3-10　出库作业周报 1（物动量统计）

制表人：方梅　　　　　　　　　　　　　　　　　　　　制表时间：5 月 25 日

序号	商品编码/条码	商品名称	出库量/箱
1	6932023905601	怡宝矿泉水	296
2	6932023905602	湿巾	34
3	6932023905603	Kinder 牛奶巧克力	2 394
4	6932023905604	水杯	12
5	6932023905605	洗涤剂	179
6	6932023905606	纯咖啡	156
7	6932023905607	拖鞋	299
8	6932023905608	牙刷	279
9	6932023905609	饼干	5
10	6932023905610	起泡酒	90
11	6932023905620	葡萄干	8
12	6932023905621	圆珠笔	210
13	6932023905622	啤酒	110
14	6932023905623	蛋糕	83
15	6932023905624	毛巾	19
16	6932023905625	干脆面	1
17	6932023905626	爽身粉	13
18	6932023905627	衣架	20
19	6932023905628	Ferre 榛果威化巧克力	19
20	6932023905629	Kinder 牛奶巧克力	868
21	6981013081240	芬达	16
22	6981013081241	电池	89

续表

序号	商品编码/条码	商品名称	出库量/箱
23	6981013081242	绿茶	153
24	6981013081243	洗发水	19
25	6981013081244	闹钟	12

表3-11 出库作业周报2（物动量统计）

制表人：方梅　　　　　　　　　　　　　　　　　　　　　　制表时间：5月26日

序号	商品编码/条码	商品名称	出库量/箱
1	6930363000463	怡宝矿泉水	280
2	6932023905602	湿巾	36
3	6932023905603	Kinder 牛奶巧克力	2 392
4	6932023905604	水杯	10
5	6932023905605	洗涤剂	187
6	6932023905606	纯咖啡	138
7	6932023905607	拖鞋	315
8	6932023905608	牙刷	228
9	6932023905609	饼干	1
10	6932023905610	起泡酒	109
11	6932023905620	葡萄干	7
12	6932023905621	圆珠笔	231
13	6932023905622	啤酒	109
14	6932023905623	蛋糕	77
15	6932023905624	毛巾	18
16	6932023905625	干脆面	2
17	6932023905626	爽身粉	15
18	6932023905627	衣架	12
19	6932023905628	Ferre 榛果威化巧克力	23
20	6932023905629	Kinder 牛奶巧克力	800
21	6981013081240	芬达	12
22	6981013081241	电池	70
23	6981013081242	绿茶	170
24	6981013081243	洗发水	15
25	6981013081244	闹钟	5

表 3−12　出库作业周报 3（物动量统计）

制表人：方梅　　　　　　　　　　　　　　　　　　　　　　制表时间：5 月 27 日

序号	商品编码/条码	商品名称	出库量/箱
1	6930363000463	怡宝矿泉水	288
2	6932023905602	湿巾	40
3	6932023905603	Kinder 牛奶巧克力	2 379
4	6932023905604	水杯	9
5	6932023905605	洗涤剂	198
6	6932023905606	纯咖啡	121
7	6932023905607	拖鞋	300
8	6932023905608	牙刷	260
9	6932023905609	饼干	3
10	6932023905610	起泡酒	115
11	6932023905620	葡萄干	4
12	6932023905621	圆珠笔	220
13	6932023905622	啤酒	101
14	6932023905623	蛋糕	67
15	6932023905624	毛巾	21
16	6932023905625	干脆面	6
17	6932023905626	爽身粉	9
18	6932023905627	衣架	19
19	6932023905628	Ferre 榛果威化巧克力	45
20	6932023905629	Kinder 牛奶巧克力	809
21	6981013081240	芬达	10
22	6981013081241	电池	109
23	6981013081242	绿茶	107
24	6981013081243	洗发水	25
25	6981013081244	闹钟	11

表 3–13 出库作业周报 4（物动量统计）

制表人：方梅　　　　　　　　　　　　　　　　　　　制表时间：5 月 28 日

序号	商品编码/条码	商品名称	出库量/箱
1	6930363000463	怡宝矿泉水	288
2	6932023905602	湿巾	43
3	6932023905603	Kinder 牛奶巧克力	2 388
4	6932023905604	水杯	16
5	6932023905605	洗涤剂	201
6	6932023905606	纯咖啡	119
7	6932023905607	拖鞋	316
8	6932023905608	牙刷	245
9	6932023905609	饼干	2
10	6932023905610	起泡酒	125
11	6932023905620	葡萄干	7
12	6932023905621	圆珠笔	211
13	6932023905622	啤酒	98
14	6932023905623	蛋糕	85
15	6932023905624	毛巾	29
16	6932023905625	干脆面	0
17	6932023905626	爽身粉	17
18	6932023905627	衣架	26
19	6932023905628	Ferre 榛果威化巧克力	33
20	6932023905629	Kinder 牛奶巧克力	852
21	6981013081240	芬达	11
22	6981013081241	电池	119
23	6981013081242	绿茶	121
24	6981013081243	洗发水	30
25	6981013081244	闹钟	10

表 3－14　出库作业周报 5（物动量统计）

制表人：方梅　　　　　　　　　　　　　　　　　　　　　　　　制表时间：5 月 29 日

序号	商品编码/条码	商品名称	出库量/箱
1	6930363000463	怡宝矿泉水	311
2	6932023905602	湿巾	41
3	6932023905603	Kinder 牛奶巧克力	2 398
4	6932023905604	水杯	11
5	6932023905605	洗涤剂	179
6	6932023905606	纯咖啡	104
7	6932023905607	拖鞋	309
8	6932023905608	牙刷	270
9	6932023905609	饼干	4
10	6932023905610	起泡酒	103
11	6932023905620	葡萄干	5
12	6932023905621	圆珠笔	209
13	6932023905622	啤酒	131
14	6932023905623	蛋糕	78
15	6932023905624	毛巾	17
16	6932023905625	干脆面	3
17	6932023905626	爽身粉	16
18	6932023905627	衣架	21
19	6932023905628	Ferre 榛果威化巧克力	21
20	6932023905629	Kinder 牛奶巧克力	860
21	6981013081240	芬达	16
22	6981013081241	电池	105
23	6981013081242	绿茶	133
24	6981013081243	洗发水	18
25	6981013081244	闹钟	5

表 3-15　出库作业周报 6（物动量统计）

制表人：方梅　　　　　　　　　　　　　　　　　　　　制表时间：5 月 30 日

序号	商品编码/条码	商品名称	出库量/箱
1	6930363000463	怡宝矿泉水	280
2	6932023905602	湿巾	35
3	6932023905603	Kinder 牛奶巧克力	2 401
4	6932023905604	水杯	9
5	6932023905605	洗涤剂	166
6	6932023905606	纯咖啡	160
7	6932023905607	拖鞋	311
8	6932023905608	牙刷	280
9	6932023905609	饼干	2
10	6932023905610	起泡酒	99
11	6932023905620	葡萄干	3
12	6932023905621	圆珠笔	189
13	6932023905622	啤酒	116
14	6932023905623	蛋糕	99
15	6932023905624	毛巾	12
16	6932023905625	干脆面	1
17	6932023905626	爽身粉	19
18	6932023905627	衣架	18
19	6932023905628	Ferre 榛果威化巧克力	39
20	6932023905629	Kinder 牛奶巧克力	889
21	6981013081240	芬达	12
22	6981013081241	电池	90
23	6981013081242	绿茶	100
24	6981013081243	洗发水	20
25	6981013081244	闹钟	8

表 3-16　出库作业周报 7（物动量统计）

制表人：方梅　　　　　　　　　　　　　　　　　　　　　　　制表时间：5 月 31 日

序号	商品编码/条码	商品名称	出库量/箱
1	6930363000463	怡宝矿泉水	230
2	6932023905602	湿巾	44
3	6932023905603	Kinder 牛奶巧克力	2 360
4	6932023905604	水杯	18
5	6932023905605	洗涤剂	182
6	6932023905606	纯咖啡	145
7	6932023905607	拖鞋	291
8	6932023905608	牙刷	260
9	6932023905609	饼干	6
10	6932023905610	起泡酒	102
11	6932023905620	葡萄干	9
12	6932023905621	圆珠笔	199
13	6932023905622	啤酒	105
14	6932023905623	蛋糕	88
15	6932023905624	毛巾	23
16	6932023905625	干脆面	2
17	6932023905626	爽身粉	12
18	6932023905627	衣架	10
19	6932023905628	Ferre 榛果威化巧克力	20
20	6932023905629	Kinder 牛奶巧克力	831
21	6981013081240	芬达	19
22	6981013081241	电池	89
23	6981013081242	绿茶	131
24	6981013081243	洗发水	12
25	6981013081244	闹钟	3

（四）重型货架储位占用情况（见图 3-1）

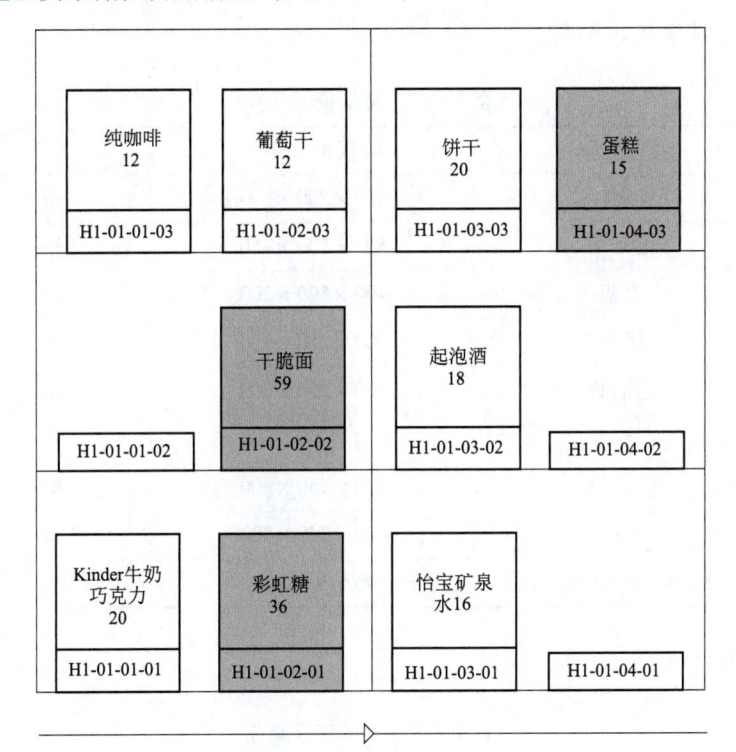

纯咖啡 12	葡萄干 12	饼干 20	蛋糕 15
H1-01-01-03	H1-01-02-03	H1-01-03-03	H1-01-04-03

	干脆面 59	起泡酒 18	
H1-01-01-02	H1-01-02-02	H1-01-03-02	H1-01-04-02

Kinder牛奶巧克力 20	彩虹糖 36	怡宝矿泉水 16	
H1-01-01-01	H1-01-02-01	H1-01-03-01	H1-01-04-01

→ 作业通道

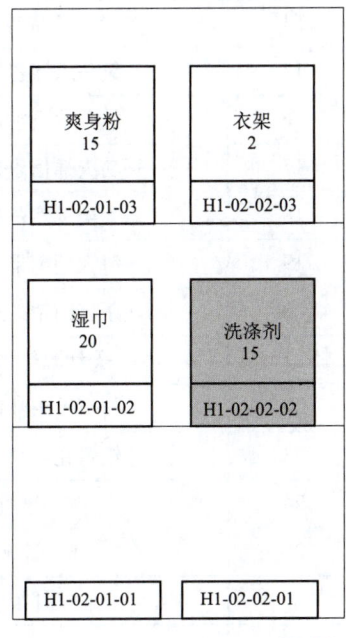

爽身粉 15	衣架 2
H1-02-01-03	H1-02-02-03

湿巾 20	洗涤剂 15
H1-02-01-02	H1-02-02-02

H1-02-01-01	H1-02-02-01

图 3-1 重型货架储位占用情况

（五）库存信息

1. 重型货架库存（见表 3-17）

表 3-17 重型货架库存

序号	商品名称	规格/mm	单位	库存量
1	纯咖啡	600×500×600	箱	12
2	葡萄干	500×300×350	箱	12
3	衣架	400×500×200	箱	20
4	饼干	400×250×300	箱	20
5	起泡酒	300×250×300	箱	18
6	怡宝矿泉水	600×500×600	箱	16
7	爽身粉	300×250×300	箱	15
8	湿巾	400×250×300	箱	20
9	Kinder 牛奶巧克力	500×300×350	箱	20

2. 立体库区库存（见表 3-18）

表 3-18 立体库区库存

存储单位：10 瓶/箱

序号	商品名称	序号	商品名称
1	蓝带啤酒	15	统一果漾芒果饮料
2	惠泉啤酒	16	娃哈哈石榴汁饮料
3	鲜橙味牛奶饮品	17	真功夫摇摇乐果汁饮料
4	康师傅冰糖雪梨	18	乐天美贝然芒果汁饮料
5	汇源果汁	19	海太葡萄果肉饮料
6	明太郎花生牛奶饮品	20	欢乐公园精选红葡萄酒
7	伊利活性乳酸菌饮品草莓味	21	美汁源热带果粒
8	春天苹果醋	22	牵手果汁饮料
9	伊利巧克力奶	23	银鹭花生牛奶饮料
10	大红枣酸奶	24	统一蜜桃多
11	原味优酸乳	25	雅哈冰咖啡
12	冠益乳草莓味	26	华邦橙汁
13	儿童酸奶芒果	27	开卫山楂汁
14	太子奶	28	醒目西瓜味

3. 电子标签货架区库存（见表 3-19）

表 3-19 电子标签货架区库存

存储单位：15 个单位/货位

序号	商品名称	序号	商品名称	序号	商品名称
1	清风 3 层面纸	10	维达迷你手帕纸	19	小熊面巾纸
2	心相印优选蓝调 10 包手帕纸	11	心相印面巾纸	20	富尔雅妇婴用纸
3	心相印冬己百变手帕纸 10 包	12	一片云卷纸	21	栀子香氛软抽
4	小福星卫生纸	13	小宝贝迷你装软抽	22	相思卫生纸
5	好吉利 3 层特柔无芯卷纸	14	清风空芯卷纸	23	可雅原浆纸
6	中卷无芯卷纸	15	心相印三层压花纸抽	24	丽洁卷筒纸
7	清风超质感卷筒卫生纸	16	双灯高级平板卫生纸	25	丽影妇婴用纸
8	玫瑰香手帕纸	17	中荣万盛长筒卷纸	26	可美卷筒纸
9	珍爱芦荟 10 片独立湿巾	18	一帆婴儿湿巾	27	维妮美冰茉莉卫生湿巾

4. 阁楼货架区库存（见表 3-20）

表 3-20 阁楼货架区库存

存储单位：30 个单位/货位

序号	商品名称
1	康师傅水晶葡萄
2	康师傅绿茶
3	可口可乐
4	农夫山泉
5	七喜汽水
6	阿萨姆奶茶
7	水溶 C100
8	三得利奶茶
9	优格奶茶
10	丽人堂玫瑰茶
11	鲜橙多
12	三得利乌龙茶

5. 重型货架散货区库存（见表 3-21）

表 3-21 重型货架散货区库存

存储单位：50 个/货位

序号	商品名称
1	脉动柠檬味
2	佳得乐蓝莓味
3	日加满
4	东鹏特饮

二、入库通知单

入库作业准备项目设计所需资料如下，根据要求完成设计内容（本项内容只设计不执行，只在方案设计中考核，不在方案实施中考核）。

入库通知

今收到供货商发来入库通知单，计划到货日期为 6 月 25 日上午 9 时，内容如下：

品名：工具盒套装　　　　　　包装规格：500×400×600（mm）

包装材质：松木　　　　　　　单箱毛重：48 kg

包装标识限高：5 层　　　　　数量：3 200 箱

如果此批物品入库后就地码垛堆存，至少需要多大面积的储位？如果目标存储区域可堆垛宽度限制为 6.0m，计算出计划堆成的货垛的垛长、垛宽及垛高各为多少箱。

注：1. 仓库高度为 4.8 m，地坪荷载：1280 kg/m²；

2. 垛型要求为重叠堆码的平台垛；

3. 储位面积计算要充分考虑仓储"五距"。

三、采购通知

1. 采购信息

公司向天津市供应商 A 订购商品一批，供应商送货上门，具体入库时间为 6 月 25 日，具体采购信息如表 3-22 所示。

表 3-22 入库任务单

入库任务单编号		R20150625	计划入库时间		到货当日
序号	商品名称	包装规格（长×宽×高）/mm	单价/（元·箱$^{-1}$）	重量/kg	入库/箱
1	Kinder 牛奶巧克力	330×400×200	120	12	36
2	蛋糕	500×300×400	290	20	15

续表

序号	商品名称	包装规格（长×宽×高）/mm	单价/（元·箱$^{-1}$）	重量/kg	入库/箱
3	干脆面	300×200×300	87	8	59
4	洗涤剂	600×400×300	460	35	15
合计					125
供应商			供应商 A		

2. 采购信息二

公司向武汉市供应商 B 采购大宗商品，本企业上门提货，具体派车提货的时间定为 6 月 25 日，采购信息如表 3-23 所示。

表 3-23 采购订单

采购单编号		R0625		计划提货时间	6 月 25 日
序号	商品名称	包装规格（长×宽×高）/mm	单价/（元·套$^{-1}$）	重量/kg	订购数量/箱
1	五金套件	460×260×180	50	35	1 000
供应商				供应商 B	

（1）运输线路情况。物流公司运输调度员了解到，从天津发往武汉整体行程时间为 2 天，运输线路有高速公路、国道、省道三条，每条线路的具体信息如下：

①高速公路：1 010km，费用 598 元；

②国道：1 227km；

③省道：1 610km。

（2）油耗及油价情况。百公里油耗 15L，油价为 6.68 元/L。

（3）运输车辆信息。公司现有大小不同的两种运输车辆，具体车辆信息如下：

①车型 1：载重 10 t，车辆容积 45 m³；

②车型 2：载重 5 t，车辆容积 30 m³。

四、客户订单信息

6 月 25 日 7 时，公司接收到客户的订货信息，所有订单要求在当日出库配送。仓管员根据 24 日作业完毕后的库存情况进行备货操作。

1. 订单信息（见表 3-24 ~ 表 3-28）

表 3-24 采购订单 1

客户名称：乐草堂连锁集团　　　　　　　　　　　　　　订单编号：C0625001

序号	商品名称	单位	单价/元	订购数量	总重量/kg	金额/元	备注
1	起泡酒	箱	950	13	260	480	
2	葡萄干	箱	60	8	16	304	

续表

序号	商品名称	单位	单价/元	订购数量	总重量/kg	金额/元	备注
3	Kinder 牛奶巧克力	箱	38	8	120	920	
4	衣架	箱	230	4	80	10	
5	鲜橙味牛奶饮品	瓶	5	2	1	10.5	
6	娃哈哈石榴汁饮料	瓶	3.5	3	1.5	16	
7	玫瑰香手帕纸	包	8	2	0.5	62.5	
8	一帆婴儿湿巾	包	12.5	5	3	80	
9	丽人堂玫瑰茶	瓶	8	10	6	13.5	
10	三得利乌龙茶	瓶	4.5	3	2	45	
11	七喜汽水	瓶	3	15	8	480	
	合计				498	1 941.5	

表 3-25　采购订单 2

客户名称：达兴公司　　　　　　　　　　　　　　　　　　　　　订单编号：C0625002

序号	商品名称	单位	单价/元	订购数量	总重量/kg	金额/元	备注
1	纯咖啡	箱	500	8	48	4 000	
2	起泡酒	箱	950	15	300	14 250	
3	爽身粉	箱	360	10	50	3 600	
4	春天苹果醋	瓶	5	15	8	75	
5	优格奶茶	瓶	4.8	15	8	72	
6	心相印面巾纸	盒	8	8	5	64	
7	小福星卫生纸	包	6	2	0.5	12	
8	康师傅绿茶	瓶	3	10	5	30	
9	佳得乐蓝莓味	瓶	4.5	8	4	36	
10	日加满	瓶	5	12	6	60	
	合计				434.5	22 199	

表 3-26　采购订单 3

客户名称：星美公司　　　　　　　　　　　　　　　　　　　　　订单编号：C0625003

序号	商品名称	单位	单价/元	订购数量	总重量/kg	金额/元	备注
1	Kinder 牛奶巧克力	箱	120	10	120	1 200	
2	葡萄干	箱	60	1	2	60	
3	湿巾	箱	360	10	50	3 600	
4	开卫山楂汁	瓶	5	10	6	50	

续表

序号	商品名称	单位	单价/元	订购数量	总重量/kg	金额/元	备注
5	原味优酸乳	瓶	3	8	3.2	24	
6	伊利巧克力奶	瓶	2	6	1.2	12	
			合计		182.4	4 946	

表 3-27 采购订单 4

客户名称：桃源集团　　　　　　　　　　　　　　　　　　　订单编号：C0625004

序号	物品名称	单位	单价/元	订购数量	总重量/kg	金额/元	备注
1	起泡酒	箱	960	2	40	1 920	
2	衣架	箱	460	13	455	5 980	
3	纯咖啡	箱	500	4	24	2 000	
4	爽身粉	箱	360	9	45	3 240	
5	怡宝矿泉水	箱	45	15	120	675	
6	康师傅绿茶	瓶	4	2	1	8	
7	水溶 C100	瓶	5	2	1	10	
8	鲜柠多	瓶	4	10	5	40	
			合计		691	13 873	

表 3-28 采购订单 5

客户名称：华丰公司　　　　　　　　　　　　　　　　　　　订单编号：C0625005

序号	物品名称	单位	单价/元	订购数量	总重量/kg	金额/元	备注
1	衣架	箱	200	10	20	2 000	
2	蛋糕	箱	290	15	300	4 350	
3	统一果漾芒果饮料	瓶	4	4	2	16	
4	海太葡萄果肉饮料	瓶	12	10	7	120	
5	伊利巧克力奶	瓶	2.5	6	1.8	15	
6	华邦橙汁	瓶	8	5	5	40	
7	清风空心卷纸	包	9	5	2	45	
8	可美卷筒纸	包	4	10	5	40	
9	维妮美冰茉莉卫生湿巾	包	6	10	2	60	
10	小熊面巾纸	包	6.5	12	3	78	
			合计		347.8	6 764	

2. 地理位置信息

物流公司的四个客户和仓库所在地理位置信息如图 3-2 所示。

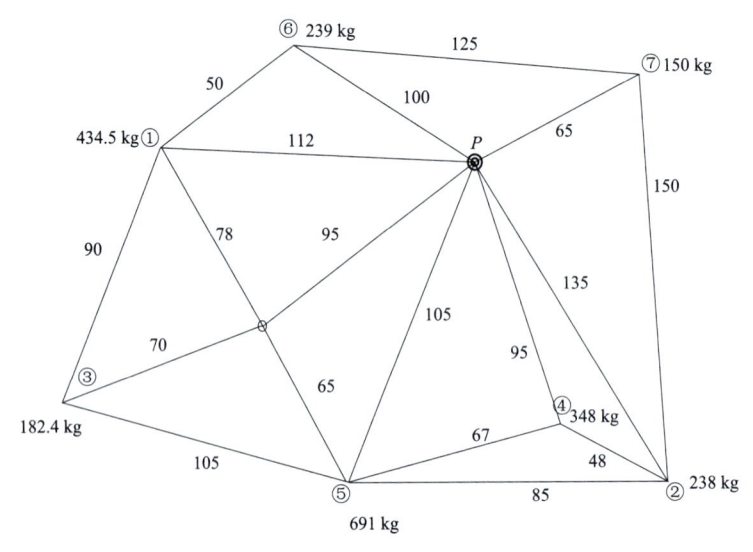

图 3-2 配送网络

配送中心现有配送车 3 辆，其中载重量为 300 kg 的 B 型车 2 辆，载重为 900 kg 的 A 型车 1 辆。车辆行驶过程中，每小时产生 120 元成本。A 型车行驶速度为 40 km/h，B 型车行驶速度为 25 km/h。

试根据上述信息结合节约里程法求最优配送方案。

3. 主要设备成本信息（见表 3-29）

表 3-29 主要设备成本信息

名称	主要参数	数量	成本	备注
重型货架（托盘货架）	2 排 4 列 3 层； 货位参考尺寸：2 400×1 000×1 210（mm）； 双货位（标准货位），层净高 1 210 mm，横梁高度 900 mm	24	20 元/个	
手动液压托盘车（地牛）	品牌：欧力特等； 额定起重量：2 500 kg； 每队可租赁 2 台	2 台	0.5 元/（台·分钟）	
叉车	品牌：TCM； 规格型号：FB-Ⅶ15； 自重：3 180 kg； 额定起重量 1 500 kg； 标准载荷中心距：500 mm； 最大起升高度：3 500 mm； 最大起升高度起重量 1 000 kg； 每队只能租赁 1 台	1 台	8 元/台次	

续表

名称	主要参数	数量	成本	备注
大车租赁	车厢内尺寸：长 1.5 m、宽 0.9 m、高 0.8 m； 车辆外尺寸：长 1.60 m、宽 1.05 m、高 0.9 m； 车厢侧拉门 1 个、后双开门 1 个		450 元/辆	
小车租赁	车厢内尺寸：长 1.35 m、宽 0.89 m、高 0.88 m； 车辆外尺寸：长 1.41 m、宽 0.97 m、高 0.94 m； 车厢侧拉门 1 个、后双开门 1 个； 以上数据误差在 ±0.02 m		300 元/辆	
托盘	1 200×1 000×150（mm）； 木制川字底； 1 000 mm 方向进货叉； 承重量 30kg/个； 载重量：1 000 kg	10 个	15 元/个	
托盘条码信息及成本	码制：CODE39，8 位，无校验位； 参考尺寸：100×50（mm）		购买条码 10 元/组（每组两个条码）； 自制条码工本费 2 元/组	
月台	1 500×1 000（mm）	4 个		
物流箱	550×400×163（mm）		12 元/个	
员工	主管 1 名； 仓管员 3 名	4 人	40 元/时	
外包咨询费	指导教师	1 人	5 元/（秒·人）	
信息系统	全国高职物流竞赛软件	1 套	免费	
电脑	主流配置	1 台	免费	
手持终端	C5000W	1 台	免费	

[操作与实训任务 1]

物动量 ABC 分类。

[任务完成的记录 1]

[操作与实训任务2]
收货检验、编制托盘条码。
[任务完成的记录2]

[操作与实训任务3]
物品组托示意图。
[任务完成的记录3]

[操作与实训任务4]
上架存储货位图绘制、就地堆码存储区规划。
[任务完成的记录4]

[操作与实训任务5]
订单有效性分析。
[任务完成的记录5]

[操作与实训任务6]
客户优先权分析。
[任务完成的记录6]

[操作与实训任务7]
库存分配计划表。
[任务完成的记录7]

[操作与实训任务8]
拣选作业计划、月台分配示意图。
[任务完成的记录8]

[操作与实训任务9]
配送车辆调度与路线优化、配装配载方案。
[任务完成的记录9]

实训场景 2

2023 年全国职业院校技能大赛智慧物流（学生赛）赛项题库

第 1 套

模块一　1+X 物流职业素养测试

一、判断题（每小题 1 分，共 20 小题，共 20 分）

1.【判断题】安全生产基本方针的核心思想是"事故发生后再处理"。（　　）
　　A. 对　　　B. 错

2.【判断题】安全生产基本方针的核心思想是"预防为主、安全第一"。（　　）
　　A. 对　　　B. 错

3.【判断题】加强安全检查监督对于落实安全生产基本方针十分重要。（　　）
　　A. 对　　　B. 错

4.【判断题】人力作业的总体安全要求中，人力操作仅限制在轻负荷的作业，35kg 是单人搬运的最大重量，多人联合搬运的最大重量可以大于 60kg。（　　）
　　A. 对　　　B. 错

5.【判断题】人力作业的总体安全要求中，合理安排休息。（　　）
　　A. 对　　　B. 错

6.【判断题】如果在出库安检时发现员工带入了个人物品，则可以直接带回家。（　　）
　　A. 对　　　B. 错

7.【判断题】访客和施工人员进入仓库需要佩戴访客通行证并有接待人员陪同。（　　）
　　A. 对　　　B. 错

8.【判断题】叉车司机需要佩戴安全帽。（　　）
　　A. 对　　　B. 错

9.【判断题】戴好安全帽是每个员工都应该遵守的安全规则。（　　）
　　A. 对　　　B. 错

10.【判断题】在库内作业人工搬运中，在起立时骶棘肌可以承担较小的力量。（　　）

A. 对　　　　B. 错

11. 【判断题】在仓库搬运中，穿着衣物不需要考虑是否阻碍自由移动。(　　)

A. 对　　　　B. 错

12. 【判断题】一般托盘码放货物的高度不得高于 1.6 m。(　　)

A. 对　　　　B. 错

13. 【判断题】对于整托盘商品的码放，应采取缠绕膜或捆扎带对商品进行固定。(　　)

A. 对　　　　B. 错

14. 【判断题】服务意识是自觉主动做好服务工作的一种观念和愿望。(　　)

A. 对　　　　B. 错

15. 【判断题】职业道德是人们在职业生活中应遵循的基本道德，即一般社会道德在职业生活中的具体体现。(　　)

A. 对　　　　B. 错

16. 【判断题】绿色物流是在物流过程中抑制物流对环境造成危害的同时，使物流资源得到最充分利用的一种新兴物流模式。(　　)

A. 对　　　　B. 错

17. 【判断题】职业安全管理是为保护劳动者在生产建设过程中的安全所进行的计划、组织、指挥、协调和监督等工作的总称。(　　)

A. 对　　　　B. 错

18. 【判断题】物流作业过程中常见的职业病危害因素有粉尘、化学毒物、噪声与振动、辐射、高温、低温及其他有害因素等。(　　)

A. 对　　　　B. 错

19. 【判断题】事故的预防和控制主要从三个方面着手：安全风险管控、隐患排查治理和安全监察。(　　)

A. 对　　　　B. 错

20. 【判断题】隔离灭火法是将灭火剂喷在燃烧的物体上，参与燃烧反应过程，使燃烧中产生的游离基消失，形成稳定分子或低活性的游离基，从而使燃烧终止。(　　)

A. 对　　　　B. 错

二、单选题（每小题 1 分，共 50 小题，共 50 分）

21. 【单选题】(　　) 是职业品德、职业纪律、专业胜任能力及职业责任等的总称。

A. 职业道德　　　B. 职业操守　　　C. 职业能力　　　D. 职业素养

22. 【单选题】(　　) 是国家机关及事业单位在管理活动过程中形成的具有法定效力和规范体式的文字材料的统称。

A. 办公文书　　　B. 办公文件　　　C. 会议文书　　　D. 办公纪要

23. 【单选题】"放弃了自己对社会的责任，就意味着放弃了自身在这个社会中更好的生存机会。"社会学家戴维斯讲的这句话直接体现了物流行业职业道德规范中的(　　)。

A. 恪尽职守　　　　B. 公平正义　　　　C. 爱岗敬业　　　　D. 团结协作

24.【单选题】"六点优先工作制"要求把每天要做的事按重要性排序，分别从"1"到"6"标出6件最重要的事情，先全力以赴做好标号为（　　）。

A. "1"的事情　　　　　　　　　　B. "6"的事情
C. "1"和"2"的事情　　　　　　　D. "1""2""3"的事情

25.【单选题】"六顶思考帽"中代表情绪、直觉和情感的是（　　）。

A. 白色思考帽　　B. 红色思考帽　　C. 黑色思考帽　　D. 黄色思考帽

26.【单选题】"小丰"智能耳机以语音识别技术为核心，结合TTS语音播报、语音语义理解能力，将收派员日常终端手动操作语音指令化，语音唤醒"小丰"后，即可发送语音指令，以此解放收派员的双手，将日常拨打电话、转单、查单等高频操作由8~10步手动操作减为1步语音指令，大幅提升工作效率，完善收派端作业的数据采集，推动业务的数字化转型。该场景应用的智慧物流技术是（　　）。

A. 自动识别技术　　B. 数据挖掘技术　　C. 人工智能技术　　D. GIS技术

27.【单选题】2021年5月28日京东物流正式于港交所挂牌交易，拟计划发行10%股份募集35亿美元，估值约350亿美元。京东物流的企业组织形式是（　　）。

A. 独资企业　　B. 合伙企业　　C. 有限责任公司　　D. 股份有限公司

28.【单选题】5S现场管理法中，要求"必需品依规定定位、定方法摆放整齐有序，明确标识"的是（　　）。

A. 整理　　　　B. 整顿　　　　C. 清扫　　　　D. 清洁

29.【单选题】ABC库存分析法中C类商品为（　　）。

A. 价值占比75%左右，而品种占比15%左右
B. 价值占比5%左右，而品种占比55%左右
C. 价值占比75%左右，而品种占比75%左右
D. 价值占比20%左右，而品种占比20%左右

30.【单选题】A公司成立于1997年，是中国首家上市的供应链企业，在职员工逾万人，2020年业务量近1 000亿元，连续多年入围中国企业联合会"中国企业500强"榜单。A公司力图构建跨界融合的供应链共享经济平台，紧密聚合品牌商、零售商、物流商、金融机构、增值服务商等群体，向万亿规模的供应链商业生态圈迈进。A公司的物流业务模式属于（　　）。

A. 自营物流　　B. 第三方物流　　C. 物流联盟　　D. 第四方物流

31.【单选题】A物流公司全国范围内有6 800多家的直营门店，在一线大城市，直营门店超过100家，而一些二三线城市却只有10几家，公司因营业额的预算不准确，损失了许多机会。从SWOT分析法角度出发，A物流公司网点分布太密集的特点是（　　）。

A. 优势　　　　B. 劣势　　　　C. 机遇　　　　D. 威胁

32.【单选题】MBTI人格共有4个维度，每个维度有2个方向，分别是E、I、S、N、T、F、J、P，其中"E"代表（　　）。

A. 内向　　　　B. 外向　　　　C. 感觉　　　　D. 直觉

33.【单选题】PESTLE 模型中"L"代表（　　）。
   A. 经济因素　　　B. 环境因素　　　C. 法律因素　　　D. 技术因素

34.【单选题】R 公司生鲜连锁总部可以通过朋友介绍、登门拜访和（　　）等有效的方式寻找到老年人顾客。
   A. 微信朋友圈　　B. 电子邮件　　　C. 小区老人活动　D. 警察救助

35.【单选题】SWOT 分析法中利用优势，避免威胁的英文缩写表述方法是（　　）。
   A. S－O　　　　　B. W－O　　　　C. S－T　　　　　D. W－T

36.【单选题】SWOT 分析中，O 的含义是（　　）。
   A. 优势　　　　　B. 劣势　　　　　C. 机会　　　　　D. 威胁

37.【单选题】SWOT 分析中紧缩型战略是（　　）。
   A. S－O　　　　　B. W－O　　　　C. S－T　　　　　D. W－T

38.【单选题】SWOT 分析中利用外部机会弥补自身缺陷，避免劣势是（　　）。
   A. S－O　　　　　B. W－O　　　　C. S－T　　　　　D. W－T

39.【单选题】VRIO 分析框架中，"I"代表（　　）。
   A. 价值　　　　　B. 稀缺性　　　　C. 不可模仿性　　D. 全组织支持

40.【单选题】WBS 的英文全称是（　　）。
   A. Work Breakdown Structure　　　　B. Work Break Structure
   C. Work Break Struction　　　　　　D. Work Branch Structure

41.【单选题】阿里巴巴创业时期的"十八罗汉"虽然有不同背景，但是整个团队对所从事的创业事业有着高度的认同感，从而成就了今天的阿里巴巴。这一现象反映出组建高效创业团队的核心要素中的（　　）。
   A. 强烈的凝聚力和向心力
   B. 有共同的创业目标，都将企业利益放在第一位
   C. 合理的股权分配
   D. 内部分工与个人能力相匹配

42.【单选题】安全标志应该避免的情况是（　　）。
   A. 经常被其他临时性物体遮挡　　　　B. 经常被人们遮挡
   C. 经常被动物遮挡　　　　　　　　　D. 经常被太阳遮挡

43.【单选题】安全标志中表示通行、安全和提示的颜色是（　　）。
   A. 红色　　　　　B. 黄色　　　　　C. 蓝色　　　　　D. 绿色

44.【单选题】安全标志中表示注意、警告的颜色是（　　）。
   A. 红色　　　　　B. 黄色　　　　　C. 蓝色　　　　　D. 绿色

45.【单选题】安全色标中表示警告和注意的是（　　）。
   A. 红色标志　　　B. 蓝色标志　　　C. 黄色标志　　　D. 绿色标志

46.【单选题】安全色标中提示安全状态和通行的是（　　）。
   A. 红色标志　　　B. 蓝色标志　　　C. 黄色标志　　　D. 绿色标志

47.【单选题】安全生产基本方针包括的措施有（　　）。
   A. 建立健全安全生产管理体系　　　　B. 加强安全生产教育培训

C. 严格遵守安全生产法律法规　　　　D. 所有选项都是

48.【单选题】安全生产基本方针的核心思想是（　　）。

A. 生产效率最大化　　　　　　　　B. 降低生产成本

C. 预防为主、安全第一　　　　　　D. 增加员工福利待遇

49.【单选题】安全生产基本方针的落实可以对企业产生的影响是（　　）。

A. 增加企业的经济效益和社会形象　B. 降低企业的市场竞争力

C. 加强企业对员工的控制力　　　　D. 减少企业的社会责任感

50.【单选题】安全生产基本方针的实施可以提高（　　）。

A. 生产效率　　　　　　　　　　　B. 企业的经济利润

C. 社会贡献度　　　　　　　　　　D. 生产过程的安全稳定

51.【单选题】安全生产基本方针是（　　）。

A. 一系列方针和措施　　　　　　　B. 一种安全工具

C. 一种工作制度　　　　　　　　　D. 一种生产模式

52.【单选题】安装顺序要求中的"先左后右、先上后下"原则是指（　　）。

A. 多个标志按照先左后右、先上后下的顺序排列

B. 标志的左边和右边、上面和下面要对称

C. 标志的左边和右边、上面和下面没有要求

D. 标志的位置可以随意选择

53.【单选题】按照企业竞争战略的完整概念，S－T战略属于（　　）。

A. 多元化战略　　B. 紧缩型战略　　C. 稳定型战略　　D. 增长型战略

54.【单选题】把在A领域使用的技术或模式，使用到看似没有关联的B领域，从而创造出性的产品或模式的创新类型是（　　）。

A. 升级式创新　　B. 差异化创新　　C. 组合式创新　　D. 移植式创新

55.【单选题】办公文书写作的前期环节包括①确定正式程度、②确定行动目标、③确定层次结构、④列大纲写初稿，下列步骤正确的是（　　）。

A. ①②③④　　B. ①③②④　　C. ②①③④　　D. ②③①④

56.【单选题】表示"必须佩戴安全帽"的安全图标按相关国家标准应采用（　　）。

A. 红色　　　　　B. 黄色　　　　　C. 蓝色　　　　　D. 绿色

57.【单选题】不参与商品的买卖，而是为客户提供以合同为约束、以结盟为基础的系列化、个性化、信息化的物流代理服务，这种物流服务模式为（　　）。

A. 第一方物流　　B. 第二方物流　　C. 第三方物流　　D. 第四方物流

58.【单选题】采用专用的高铁货运动车组进行高铁快递的运输，其能够整列运载货物，这种高铁货运组织模式是（　　）。

A. 高铁确认车运输模式　　　　　　B. 客运动车组预留车厢运输模式

C. 高铁客运列车捎带运输模式　　　D. 高铁快运专列模式

59.【单选题】仓储规划中，墙间距一般为（　　）。

A. 0.2 m　　　　B. 0.4 m　　　　C. 0.5 m　　　　D. 0.6 m

60.【单选题】仓储绩效考核指标有很多，其中设备完好率、劳动生产率等指标属

于仓储绩效考核的（　　）。

  A. 资源利用程度指标   B. 服务水平指标

  C. 能力与质量指标   D. 作业效益指标

61.【单选题】仓库操作人员在作业时应该（　　）。

  A. 按照要求佩戴相应安全防护用具，使用合适的工具进行作业

  B. 穿戴便捷的衣服进行作业

  C. 不用佩戴安全防护用具

62.【单选题】仓库内拣货车作业中，地上商品应该放的地方是（　　）。

  A. 随意放在货架上   B. 放在货架的最高层

  C. 放在货架的最低层   D. 不应该放在货架上

63.【单选题】仓库内拣货车作业中，在拣取液体、易碎品商品时，放置的方式是（　　）。

  A. 放置在拣货员的背后   B. 放置在拣货员的前面

  C. 放置在拣货员的左侧   D. 放置在拣货员的右侧

64.【单选题】仓库内进行手动托盘搬运车作业中，在停放手动托板搬运车时，需要注意的是（　　）。

  A. 托盘的颜色   B. 托盘的形状

  C. 托盘四周是否有人站立   D. 托盘的尺寸和重量

65.【单选题】仓库内库房登高作业中，不得使用金属梯的情况是（　　）。

  A. 离开电线 10m 以上   B. 远离电线即可

  C. 在电焊或接近任何电线或电气维修时

66.【单选题】仓库内库房登高作业中，人字梯应有的特点是（　　）。

  A. 坚固铰链   B. 限制开度拉链   C. 以上都是

67.【单选题】仓库内库房登高作业中，在梯子上工作时应当面对的是（　　）。

  A. 梯子   B. 墙壁   C. 操作物品

68.【单选题】仓库内库房登高作业中，在同一个梯子上工作的人数最多为（　　）。

  A. 1 人   B. 1 人   C. 3 人

69.【单选题】仓库消防标识的状态应该是（　　）。

  A. 不需要清晰   B. 清晰但可以遮挡   C. 清晰且禁止遮挡

70.【单选题】仓库作业前应该做好的准备工作是（　　）。

  A. 检查所用工具是否完好

  B. 直接开始作业

  C. 穿戴相应防护服装

三、多选题（每小题 1 分，共 20 小题，共 20 分）

71.【多选题】物流项目投标文件对投标的成功起着决定性作用，主要组成部分包括（　　）。

  A. 商务部分   B. 附录部分   C. 技术部分   D. 关联部分

72.【多选题】物流管理项目投标文件的编写需要遵循的原则是（　　）。

A. 对焦评分标准　　B. 契合项目需求　　C. 业绩实事求是　　D. 利润最大化

73.【多选题】不论是投标人员还是招标人员都应该熟悉开标基本流程，其流程主要包括（　　）。

A. 密封情况检查　　B. 拆封　　C. 唱标　　D. 记录并存档

74.【多选题】为剔除非必要项目内容，项目范围管理过程发挥的作用重大，项目范围管理过程的内容包含（　　）。

A. 规划范围管理　　B. 搜集需求　　C. 定义范围　　D. 确认范围

75.【多选题】企业业务流程的整体目标是为顾客创造价值，那么业务流程核心一般包括（　　）。

A. 以顾客利益为中心　　B. 以员工为中心
C. 以效率和效益为中心　　D. 以利润为中心

76.【多选题】在流程图的绘制过程中，为提高流程图的逻辑性，应遵循的顺序排列原则包括（　　）。

A. 从左到右　　B. 从上到下　　C. 从右到左　　D. 从下到上

77.【多选题】下列行为中，违背忠诚信实要求的包括（　　）。

A. 甲与乙签订供货合同，后来原料涨价，甲要求提价没有得到同意便中断供货
B. 王某给客户报价的时候，将公司规定的统一售价提高了1个百分点
C. X厂发货到Y厂，途中遇洪水货物灭失，X厂不负责赔偿
D. 因供应商未能如期交货，张某所在公司拒付货款

78.【多选题】通常，顾客衡量企业服务水平会主要关注（　　）。

A. 时间　　B. 服务人员　　C. 场所　　D. 服务内容　　E. 服务方式

79.【多选题】职业道德的特点包括（　　）。

A. 职业性　　B. 实践性　　C. 规范性　　D. 继承性

80.【多选题】从宏观层面看，我国物流行业要实现节能减排目标，采取的措施包括（　　）。

A. 观念更新　　B. 制度保障　　C. 科学规划　　D. 模式创新

81.【多选题】与传统物流相比，绿色物流的特点有（　　）。

A. 共生　　B. 节约　　C. 低熵　　D. 循环　E. 可持续

82.【多选题】基本的灭火方法包括（　　）。

A. 窒息灭火法　　B. 冷却灭火法　　C. 隔离灭火法　　D. 抑制灭火法

83.【多选题】常用灭火器的类型包括（　　）。

A. 化学泡沫灭火器　　B. 二氧化碳灭火器
C. 干粉灭火器　　D. 1211灭火器

84.【多选题】在供应链合作中，最为关键的问题是如何解决好合作之间的信任与信息沟通问题。信任问题的解决途径包括（　　）。

A. 对契约精神的尊重　　B. 对利润最大化的追求
C. 基于血缘关系的信任　　D. 基于利益同盟的信任

85.【多选题】供应链管理工具中，企业竞争能力分析常用的包括（　　）。

A. PESTLE 模型　　B. SCOR 模型　　C. 价值链分析　　D. SWOT 分析

86.【多选题】组建高效创业团队的核心要素包括（　　）。

A. 具有强烈的凝聚力和向心力

B. 有共同的创业目标，都能将企业利益放在第一位

C. 合理的股权分配

D. 内部分工与个人能力的匹配

E. 公平弹性的利益分配机制保证成果共享

87.【多选题】下列对创新的理解有误的是（　　）。

A. 创新是少数天才的事情　　　　B. 创新就是指科技创新

C. 创新就是创造　　　　　　　　D. 创新就是颠覆过去

88.【多选题】下列属于客户沟通技巧的有（　　）。

A. 明确目标　　B. 双向沟通　　C. 理性沟通　　D. 善于提问

89.【多选题】企业物流成本的存货相关成本包括（　　）。

A. 自营物流成本　　　　　　　　B. 流动资金占用成本

C. 存货风险成本　　　　　　　　D. 存货保险成本

90.【多选题】如果项目建设的实际成本远远超出批准的投资预算，容易造成成本失控，发生成本失控的原因主要有（　　）。

A. 组织制度不健全　　　　　　　B. 成本管理方法存在问题

C. 受技术的制约　　　　　　　　D. 对项目认识不足

四、综合实务题（每小题 1 分，共 10 小题，共 10 分）

（一）目前中国正面临着"前所未有之大变局"，这是全球化进程中的一个重要时期。在美国提出要与中国的供应链"脱钩"的背景下，中国的供应链仍然表现出很强的韧性。中国的双循环战略正在显现出价值，中国在国内和国际两个市场中仍然保持着不可或缺的重要地位。尽管一些低端制造业开始向东南亚地区转移，但中国的经济地位仍然非常稳定。这主要得益于中国出色的港口物流吞吐能力优势。联合国（UN）的数据显示，船舶运输占了逾 80% 的货物。中国有 76 个港口码头能够靠泊可装载超过 1.4 万个 20 英尺标准集装箱（TEU）的大型船舶。而南亚和东南亚国家总共只有 31 个这样的港口。在东亚与欧洲之间的航运运力中，大型船舶约占三分之二。亚洲其他制造业中心缺乏容纳最大型船舶的港口，而这类巨型船舶对于从东方到西方的货物运输至关重要。专业供应链机构在研究后表示，中国的制造实力以及生产和运输货物的能力无人能及。自 2016 年至 2021 年，中国在沿海港口基础设施方面投资了至少 400 亿美元。这些投资意味着，去年中国港口的集装箱吞吐量相当于 2.75 亿 TEU，比南亚和东南亚所有国家的年吞吐量总和高出 80%。数据还显示，中国最大的港口上海每周有 51 趟开往北美的航班，是南亚和东南亚任何一个航运中心的两倍多。请结合案例，回答以下问题。

91.【判断题】中国的供应链在面对美国的"脱钩"威胁时表现出了较强的韧性。（　　）

A. 正确　　B. 错误

92.【判断题】部分低端制造业正在从中国转移至东南亚地区。（　　）

　　A. 正确　　　　B. 错误

93.【判断题】中国的港口物流吞吐能力是东南亚国家或地区所难以匹敌的。（　　）

　　A. 正确　　　　B. 错误

94.【单选题】根据联合国的数据，通过船运输的货物所占的比重是（　　）。

　　A. 超过70%　　　B. 超过80%　　　C. 超过60%　　　D. 超过50%

95.【单选题】中国供应链相对于东南亚国家或地区的优势是（　　）。

　　A. 劳动力成本更低　　　　　　B. 产品质量更好

　　C. 卓越的港口和物流吞吐能力　D. 政府支持力度强

（二）中国（泸州）跨境电子商务综合试验区立足川南，是南向开放的重要门户。为进一步加强国际交流合作，推动白酒、电子信息、农副产品等在线外贸综合业务量提升，该试验区努力构建开放型经济新体系，建立起"水公铁空"多式联运体系，形成区域开发开放新格局。AL公司是一个隶属于该试验区跨境电商平台企业，员工小李入职一个月，主要工作是客户开发，即根据客户需求，推出符合客户需要的物流服务项目，从而获得订单。在客户开发的过程中，小李既要维系老客户，也要不断开发新客户。结合案例，回答以下问题。

96.【判断题】中国（泸州）跨境电子商务综合试验区所推动的外贸业务属于快速消费品行业。（　　）

　　A. 正确　　　　B. 错误

97.【多选题】整合优化"水公铁空"物流资源的手段包括（　　）。

　　A. 铁路运能提升　　　　　　B. 水运系统升级

　　C. 公路货运治理　　　　　　D. 多式联运提速

　　E. 信息资源拆分

98.【判断题】针对在资源整合过程中存在的问题，要促进"互联网+"货运物流新业态、新模式发展，深入推进无车承运人试点工作，大力发展公路甩挂运输、冷链物流等服务模式。（　　）

　　A. 正确　　　　B. 错误

99.【多选题】小李获得客户信息的途径有（　　）。

　　A. 实地登门拜访　　　　　　B. 亲自拨打电话

　　C. 浏览专业报纸　　　　　　D. 通过互联网寻找

　　E. 参加专业展会寻找

100.【多选题】小李准备在月底拜访客户，经理告诉小李只要找准切入点、用对方法，拜访工作就不会太棘手，以下拜访客户常用的方式有（　　）。

　　A. 开门见山，直述来意　　　B. 突出自我，赢得注目

　　C. 察言观色，投其所好　　　D. 目的模糊，缺乏重点

模块二 智慧物流系统规划仿真与方案设计模块赛题

一、任务背景

世纪科技是一家创意小家电研发、设计、生产和销售的实业型企业，主营产品包括智能音箱、可视化门铃、智能摄像头等产品。在数字化及服务型制造转型发展背景趋势下，公司于安徽省合肥市新建"智能制造 2025"示范工厂，占地面积约 6 400m²，年产量超过 80 万件。

为了有效提升公司生产运营效率、改善产品质量，较好服务客户需求，公司现计划对原有生产车间改造升级，计划占地面积为 10m×20m，包含原材料存储库与装配车间，目前已初步确定未来计划投入使用的主要硬件设备种类，具体为：

原材料存储库（10m×10m）：采用货到人（GTP）作业模式与搬运机器人（AGV），主要用于原材料的存储与搬运；

装配车间（10m×10m）：采用点到点（P2P）作业模式与搬运机器人（AGV），主要用于装配车间原材料补给。

二、项目任务书

任务描述：结合公司存储/装配车间信息及生产物流等任务基础数据，完成智慧物流系统规划方案。

（一）智能生产场景规划分析

结合物料需求、产品属性、存储能力、设备配置等关键参数，完成原材料存储搬运及产成品存储搬运典型生产物流场景的规划设计。具体任务要求如下：

1. 原材料供应分析：根据原材料供应商能力评估标准，在给定供应商中，对其进行综合多维度评估，选择合适的供应商进行合作。

2. 原材料需求分析：根据企业产能和产线规划，计算各原材料所需数量。

3. 原材料存储情况分析：根据原材料存储信息，确定原材料存储所需货架与料箱数量。

4. 智能设施设备需求分析：根据生产运作效率，计算原材料存储库 AGV 数量、工作站数量（入库+出库）、充电桩数量等。

（二）智慧物流功能区域布局设计

结合背景资料中给出的物流设施设备，结合相应参数，完成生产物流系统相应功能区域、设施设备动线及站节点的布局设计。具体任务要求如下：

1. 完成物流功能区域规划设计。

2. 完成设施设备站节点在不同功能区域的点位设计，并完成路径规划。

3. 输出相应布局规划结果，以截图方式保存有路径规划的地图。

（三）智慧物流作业环节设计

根据不同生产及物流节拍，完成原材料存储及搬运、原料库至产线配送、产成品下线搬运及存储等作业环节设计。具体任务要求如下：

1. 生产物流作业环节分析：根据生产及物流数据，完成原材料存储及搬运、原料库至产线配送、产成品下线搬运等作业环节分析，以保证生产及物流全流程的有效运营。

2. 原材料运输作业设计：根据原材料供应需求，结合供应商位置等信息，进行合理的运输路径规划。

（四）智慧物流系统仿真

结合原材料存储信息表、出入库任务信息等，完成系统配置、仿真，并对仿真数据进行分析。

具体任务要求如下：

1. 物流仿真：对上述各任务分项中的场景规划、布局设计等进行仿真验证，并输出及留存相应技术文件。

2. 数据分析：综合整体规划设计及仿真结果，对仿真运行的数据进行分析，提出优化改进方案。

（五）演示文稿制作

根据以上规划内容，制作方案汇报的演示文稿。

三、任务数据（下同）

见《附件1：规划基本数据.xlsx》《附件2：仿真基本数据.xlsx》。

模块三 智慧物流系统方案实施与方案汇报答辩模块

一、任务背景

世纪科技是一家创意小家电研发、设计、生产和销售的实业型企业，主营产品包括智能音箱、可视化门铃、智能摄像头等产品。在数字化及服务型制造转型发展背景趋势下，公司于安徽省合肥市新建"智能制造2025"示范工厂，占地面积约6 400 m^2，年产量超过80万件。

二、项目任务书

请根据任务基础数据，按要求完成作业策略配置和原材料入库任务，并基于生产计划进行生产补料、齐套检查和成品存储。

1. 作业策略配置

（1）电子拣选区用于存储包装材料、货到人存储区用于存储其他原材料，自动化立库区用于存储产成品，请完成智能音箱A所对应原材料和产成品的存储策略设置。

（2）根据存储区、装配工序和搬运机器人数据，分析计算智能音箱A各原材料补料点，并完成补料规则设置。

2. 原材料入库

根据BOM、现有库存数据及装配工序数据，综合考虑工位配送效率优先，制定原材料的入库作业计划，并完成入库作业。入库后的库存需满足未来1 h生产所需，入库量应为各原材料1个周转箱存储量的整数倍。

3. 生产补料

在系统中下达45个智能音箱A产品的排产指令，并完成生产补料的组织管理。按要求完成下列任务：

（1）根据排产计划，完成班次开始前的初始补料作业，并进行物料齐套性检查。

（2）在系统中下达排产指令，系统按照节拍自动完成模拟仿真流程，并根据配置驱动生产补料和产成品下线指令的自动下达。

（3）结合补料配置和作业看板提示，及时完成 JIT 生产补料作业，避免出现停工待料。

4. 成品存储

随时跟进作业看板，根据进度完成生产下线后产成品的入库作业。

三、任务数据（下同）

见《附件 3：实施基本数据.xlsx》。

第 2 套

模块一 1+X 物流职业素养测试

一、判断题（每小题 1 分，共 20 小题，共 20 分）

1. 【判断题】安全生产基本方针的目的是为了保护员工和公众的生命财产安全，促进生产健康可持续发展。（　　）

    A. 对　　　B. 错

2. 【判断题】安全生产基本方针只是为了保障员工的生命财产安全，不涉及社会形象和经济效益。（　　）

    A. 对　　　B. 错

3. 【判断题】人力作业的总体安全要求中，只在适合作业的安全环境下进行作业。（　　）

    A. 对　　　B. 错

4. 【判断题】进入库房前，必须将所有个人物品都放在指定的存放区域或个人保管柜中。（　　）

    A. 对　　　B. 错

5. 【判断题】个人物品管理规定只适用于仓库内的员工，不适用于来访的客人。（　　）

    A. 对　　　B. 错

6. 【判断题】热塑性安全帽可以使用热水浸泡。（　　）

    A. 对　　　B. 错

7. 【判断题】佩戴安全帽前应检查各部件齐全、完好，否则也可使用。（　　）

    A. 对　　　B. 错

8. 【判断题】热塑性安全帽不得用热水浸泡，以防变形。（　　）

    A. 对　　　B. 错

9. 【判断题】戴上安全帽会使佩戴者感觉头部负重增加。（　　）

    A. 对　　　B. 错

10. 【判断题】在库内作业人工搬运中，直膝弯腰的姿势是最有利于腰椎的提取和搬运重物的姿势。（　　）

    A. 对　　　B. 错

11. 【判断题】在仓库搬运中，单人搬运的最大重量是 45 kg。（　　）

    A. 对　　　B. 错

12. 【判断题】在仓库内传送带作业中，禁止坐、靠在传送带上休息。（　　）

    A. 对　　　B. 错

13. 【判断题】服务意识是自觉主动做好服务工作的一种观念和愿望。（　　）

A. 对　　　B. 错

14.【判断题】职业安全管理是为保护劳动者在生产建设过程中的安全所进行的计划、组织、指挥、协调和监督等工作的总称。（　　）

A. 对　　　B. 错

15.【判断题】干粉灭火器适用于扑救石油及石油制品、可燃气体、易燃液体、电器设备等初起火宅，广泛用于工厂、矿山、船舶、油库等场所。（　　）

A. 对　　　B. 错

16.【判断题】供应链由所有加盟的节点企业组成，其中一般有制造类与流通类核心企业各一个。（　　）

A. 对　　　B. 错

17.【判断题】职业安全管理是为保护劳动者在生产建设过程中的安全所进行的计划、组织、指挥、协调和监督等工作的总称。（　　）

A. 对　　　B. 错

18.【判断题】对于新企业来说，在选择合作伙伴的时候，遵循优先连接是一种理性行为。（　　）

A. 对　　　B. 错

19.【判断题】供应链战略管理是从企业整体发展战略的高度考虑供应链管理事关全局的核心问题，形成对商流、物流、信息流、资金流的科学统一管理。（　　）

A. 对　　　B. 错

20.【判断题】由于供应链所涉及的主体、流程众多，因此，通过对供应链运行的仿真与模拟，能够更有效地提高供应链管理的水平和效率，实现在不同部门之间更有效的交流与沟通。（　　）

A. 对　　　B. 错

二、单选题（每小题 1 分，共 50 小题，共 50 分）

21.【单选题】"IK"指的是（　　）。

A. 订单数量　　B. 订单品项数　　C. 品项订购频率　　D. 时间要求频率

22.【单选题】"放弃了自己对社会的责任，就意味着放弃了自身在这个社会中更好的生存机会。"社会学家戴维斯讲的这句话直接体现了物流行业职业道德规范中的（　　）。

A. 恪尽职守　　B. 公平正义　　C. 爱岗敬业　　D. 团结协作

23.【单选题】"六点优先工作制"要求把每天要做的事按重要性排序，分别从"1"到"6"标出 6 件最重要的事情，先全力以赴做好标号为（　　）。

A. "1"的事情　　　　　　　B. "6"的事情
C. "1"和"2"的事情　　　　D. "1""2""3"的事情

24.【单选题】"六顶思考帽"中代表对思考过程和其他思考帽的控制和组织的是（　　）

A. 红色思考帽　　B. 黄色思考帽　　C. 黑色思考帽　　D. 蓝色思考帽

25.【单选题】"人、财、物"属于物流系统构成要素中的（　　）。

A. 一般要素　　B. 功能要素　　C. 支撑要素　　D. 物质基础要素

26.【单选题】"严守标准、团队精神"体现的是5S现场管理法中的（　　）。

A. 整理　　B. 整顿　　C. 清扫　　D. 素养

27.【单选题】2021年5月28日京东物流正式于港交所挂牌交易，拟计划发行10%股份募集35亿美元，估值约350亿美元。京东物流的企业组织形式是（　　）。

A. 独资企业　　B. 合伙企业　　C. 有限责任公司　　D. 股份有限公司

28.【单选题】5S管理的五大效用也可以归纳为5个S，不包括（　　）。

A. Safety　　B. Sales　　C. Standardization　　D. Seiso

29.【单选题】5S现场管理中消除脏污是指（　　）。

A. 整顿　　B. 整理　　C. 清洁　　D. 清扫

30.【单选题】A电器公司设计和制造的旋转万能X射线电视透视台，背卧位能够旋转300°和−90°，由遥控任意选定病人的体位，在起、倒或起或倒的任何角度上，X射线管、增强器、电视装置和病人紧密地联系在一起，并开发性地重新组合了X射线透视机、电视摄像机、可调节手术台。请问A电器公司运用的创新思维技法是（　　）。

A. 头脑风暴法　　B. 逆向思考法　　C. 强制联想法　　D. 六西格玛法

31.【单选题】A公司与供应商合作，优先实现物流包装的绿色化：从商品的生产环节开始，适当引导生产商及供应商选用环保型包装，提倡包装物再循环，减少辅助包装材料的使用，优化包装质量，预防包装污染。与传统物流相比，这段话体现了下列绿色物流特点中的（　　）。

A. 共生　　B. 低熵　　C. 循环　　D. 可持续

32.【单选题】A物流企业普及新能源汽车，如混合动力汽车、电动汽车等，减少燃油的使用和废弃物排放，降低能耗和排放量，节约物流成本，在兼顾环境的同时，创造了企业新的利润增长点。与传统物流相比，这段话体现绿色物流的特点是（　　）。

A. 节约　　B. 低熵　　C. 循环　　D. 可持续

33.【单选题】PDCA循环主要包括四个阶段、八个步骤，其中分析原因和影响因素是（　　）阶段的工作内容。

A. 计划（P）　　B. 实施（D）　　C. 检查（C）　　D. 处理（A）

34.【单选题】PESTLE模型中"T"代表（　　）。

A. 政治因素　　B. 经济因素　　C. 社会因素　　D. 技术因素

35.【单选题】SWOT分析法中利用优势，避免威胁的英文缩写表述方法是（　　）。

A. S-O　　B. W-O　　C. S-T　　D. W-T

36.【单选题】SWOT分析中，增长型战略是一种发展企业内部优势和利用外部机会相结合的战略。（　　）

A. 正确　　B. 错误

37.【单选题】SWOT分析中利用机会，发挥优势是（　　）。

A. S-O　　B. W-O　　C. S-T　　D. W-T

38.【单选题】VRIO分析框架中，"R"代表（　　）。

A. 价值　　B. 稀缺性　　C. 不可模仿性　　D. 全组织支持

39.【单选题】安保员检测物品时，员工应该（   ）。
A. 站着不动   B. 手揣口袋
C. 主动配合取出物品进行排除   D. 跑开

40.【单选题】安全标志中表示禁止、停止的颜色是（   ）。
A. 红色   B. 黄色   C. 蓝色   D. 绿色

41.【单选题】安全帽被人为地坐坏的原因是（   ）。
A. 安全帽质量不好   B. 员工使用不当
C. 生产现场环境不好   D. 安全帽寿命到期

42.【单选题】安全生产法律体系框架的最高层级是（   ）。
A. 中华人民共和国宪法   B. 中华人民共和国安全生产法
C. 行政法规   D. 安全生产标准

43.【单选题】安全生产基本方针的落实可以达到的效果是（   ）。
A. 有效预防和控制各种安全事故的发生
B. 提高企业的市场竞争力
C. 降低员工薪资
D. 加强安全检查监督

44.【单选题】安全生产基本方针落实的措施是（   ）。
A. 严格遵守安全生产法律法规   B. 加强安全检查监督
C. 实行责任制和奖惩制   D. 所有选项都是

45.【单选题】按照企业竞争战略的完整概念，S-T战略属于（   ）。
A. 多元化战略   B. 紧缩型战略   C. 稳定型战略   D. 增长型战略

46.【单选题】办公文书写作首先应该（   ）。
A. 确定正式程度   B. 确定行动目标
C. 确定层次结构   D. 列大纲写初稿

47.【单选题】被人们描述为大脑的"瑞士军刀"的创新思维与思维引导工具是（   ）。
A. 思维导图   B. 头脑风暴   C. 六项思考帽   D. 商业模式画布

48.【单选题】不参与商品的买卖，而是为客户提供以合同为约束，以结盟为基础的系列化、个性化、信息化的物流代理服务，这种物流服务模式为（   ）。
A. 第一方物流   B. 第二方物流   C. 第三方物流   D. 第四方物流

49.【单选题】仓储绩效考核指标有很多，其中缺货率、准时交货率、货损货差赔偿费率等指标属于仓储绩效考核的（   ）。
A. 资源利用程度指标   B. 服务水平指标
C. 能力与质量指标   D. 作业效益指标

50.【单选题】仓库的布局应随物流量和进货物品种类以及社会经济发展而做出相应调整，这属于仓储空间布局原则中的（   ）。
A. 布局优化原则   B. 柔性化原则
C. 系统优化原则   D. 便于管理原则

51.【单选题】仓库内拣货车作业中,对于液体、易碎商品,操作的方式是(　　)。

　　A. 用力扔进拣货车　　　　　　B. 轻拿轻放

　　C. 随手放在货架上　　　　　　D. 推到拣货员身边再放

52.【单选题】仓库内拣货作业中,搬运货物时应该的做法是(　　)。

　　A. 可以超负荷搬运　　　　　　　　B. 不需要量力而行,力气大就能搬运

　　C. 量力而行,避免因搬运过度而受伤　　D. 以上都不是

53.【单选题】仓库内进行手动托盘搬运车作业中,在停放手动托板搬运车时,需要注意的是(　　)。

　　A. 托盘的颜色　　　　　　　　B. 托盘的形状

　　C. 托盘四周是否有人站立　　　D. 托盘的尺寸和重量

54.【单选题】仓库内库房登高作业中,人字梯应有的特点是(　　)。

　　A. 坚固铰链　　B. 限制开度拉链　　C. 以上都是

55.【单选题】仓库内库房登高作业中,在同一个梯子上工作的人数最多为(　　)。

　　A. 1 人　　　　B. 2 人　　　　C. 3 人

56.【单选题】仓库作业时防止撞击的方式为(　　)。

　　A. 轻吊稳放　　B. 随意拖拉　　C. 抛掷物品

57.【单选题】叉车在倒车、转向和通过人员进出位置时必须做的是(　　)。

　　A. 喊叫警示　　B. 慢行通过　　C. 必须鸣笛警示　　D. 停车等待

58.【单选题】产品的主要货源为生鲜食品、高档电商产品、信函等对时效性有一定要求的高附加值物品,这种高铁快递产品是(　　)。

　　A. 当日达　　　B. 次晨达　　　C. 次日达　　　D. 隔日达

59.【单选题】常用的绩效分析与评价方法很多,其中目标管理法、关键绩效指标法属于(　　)。

　　A. 相对评价法　　B. 绝对评价法　　C. 描述法　　D. 其他方法

60.【单选题】车辆配载描述中错误的是(　　)。

　　A. 联合利华品牌下的桶装薯片和洗发水混装　　B. 大件货物放在底层

　　C. 危险物品单独配装　　　　　　　　　　　　D. 重的货物放在底层

61.【单选题】创业团队中最重要的体系是(　　)。

　　A. 绩效考核体系　　　　　　B. 工资体系

　　C. 竞争体系　　　　　　　　D. 组织体系

62.【单选题】从早期的"毒奶粉"事件、"苏丹红"事件到近年来的"地沟油"事件,食品安全问题屡见不鲜,究其原因都是供应链上游供应商出现了问题,致使整个供应链陷入危机。因此,为实现供应链整体的可持续发展,核心企业应对供应商的选择标准进行完善,定期对供应商进行评价,坚决剔除不符合绿色要求和危害供应链整体利益的企业。请运用 SCOR 模型分析,完善合作伙伴选择标准,健全节点企业监督管理机制,是实现了下列(　　)流程内容。

　　A. 回　　　　B. 计划　　　　C. 生产　　　　D. 采购

63.【单选题】代表客观的事实和数据的是(　　)。

A. 白色思考帽　　B. 蓝色思考帽　　C. 黑色思考帽　　D. 绿色思考帽

64.【单选题】当发生火情时，选择逃生出口的方式为（　　）。

A. 就近选择　　B. 远离火源选择　　C. 往下方选择　　D. 往上方选择

65.【单选题】当发现电器设备冒烟或闻到异味时，应该采取的措施是（　　）。

A. 立即用水冲洗电器设备　　　　B. 迅速切断电源，通知电工检查和维修

C. 忽略异味，等待电器设备自行恢复

66.【单选题】当年淘宝打易趣，易趣是跟商家收取上架费的，交易也要收佣金，而淘宝作为后来者直接打出免费牌，一下子就把商家给吸引过去了，这属于创新类型中的（　　）。

A. 开拓式创新　　B. 升级式创新　　C. 差异化创新　　D. 组合式创新

67.【单选题】当项目是针对外部顾客进行的，制定项目章程的重要依据是（　　）。

A. 合同　　　　　　　　　　　　B. 项目工作说明书

C. 商业论证　　　　　　　　　　D. 公司性质

68.【单选题】德邦快递公司以大件快递为核心，业务涉及快运、整车运输、仓储与供应链等多元业务，从以上业务范围可看出德邦快递公司属于（　　）。

A. 仓储型物流企业　　　　　　　B. 运输型物流企业

C. 综合服务型物流企业　　　　　D. 物流代理型物流企业

69.【单选题】电动托盘搬运车的货叉向前的驾驶方式可能导致的问题是（　　）。

A. 机动性方面的问题　　　　　　B. 视角方面的问题

C. 载重能力方面的问题

70.【单选题】电源线和插线板如果有破损，应该采取的措施是（　　）。

A. 不需要更换　　B. 及时更换　　C. 等到下次例行维护再更换

三、多选题（每小题 1 分，共 20 小题，共 20 分）

71.【多选题】主流的业务流程建模语言标准包括（　　）。

A. BPEL　　B. BPML　　C. BPNM　　D. XPDL

72.【多选题】客户开发流程主要包括（　　）。

A. 发现客户　　B. 认知客户　　C. 开发客户　　D. 开展合作

73.【多选题】物流管理项目投标文件的编写需要遵循（　　）原则。

A. 对焦评分标准　B. 契合项目需求　C. 业绩实事求是　D. 利润最大化

74.【多选题】项目论证是对项目进行全面科学的综合分析，一般划分阶段有（　　）。

A. 机会研究　　　　　　　　　　B. 项目必要性分析

C. 初步可行性研究　　　　　　　D. 详细可行性研究

75.【多选题】项目章程经启动者签字，即标志着项目获得批准，在项目章程制定依据包含（　　）。

A. 协议　　　　　　　　　　　　B. 商业论证

C. 组织过程资产　　　　　　　　D. 项目工作说明书

E. 事业环境因素

76.【多选题】业务流程优化的原则一般包括（　　）。

A. 简单化　　B. 标准化　　C. 具体化　　D. 体系化

77. 【多选题】流程推广实施作为流程分析与优化步骤的最后一环，也是决定前面工作能否落地的关键一步。为此，该环节的操作步骤主要包括（　　）。

A. 流程管理优化与知识转移　　B. 分步推广与流程导入
C. 持续监控与改进　　D. 项目总结

78. 【多选题】下列行为中，违背忠诚信实要求的包括（　　）。

A. 甲与乙签订供货合同，后来原料涨价，甲要求提价没有得到同意便中断供货
B. 王某给客户报价的时候，将公司规定的统一售价提高了1个百分点
C. X厂发货到Y厂，途中遇洪水货物灭失，X厂不负责赔偿
D. 因供应商未能如期交货，张某所在公司拒付货款

79. 【多选题】通常，顾客衡量企业服务水平会主要关注（　　）。

A. 时间　　B. 服务人员　　C. 场所　　D. 服务内容　　E. 服务方式

80. 【多选题】职业道德的特点包括（　　）。

A. 职业性　　B. 实践性　　C. 规范性　　D. 继承性

81. 【多选题】从宏观层面看，我国物流行业要实现节能减排目标，采取的措施包括（　　）。

A. 观念更新　　B. 制度保障　　C. 科学规划　　D. 模式创新

82. 【多选题】供应链管理工具中，企业竞争能力分析常用的包括（　　）。

A. PESTLE 模型　　B. SCOR 模型
C. 价值链分析　　D. SWOT 分析

83. 【多选题】供应链管理的运营机制包括（　　）。

A. 信任机制　　B. 风险机制　　C. 自律机制　　D. 激励机制　　E. 决策机制

84. 【多选题】以下关于创业团队如何管理的描述，正确的包括（　　）。

A. 团队决策：民主指导下的适度集中
B. 组织体系：职责明确基础上的扁平化组织
C. 绩效考核：从源头建立书面考核标准
D. 组建基础：具有共同的业余爱好

85. 【多选题】下列选项中属于"商业模式画布"九个细分结构要素的是（　　）。

A. 价值主张　　B. 渠道通路　　C. 关键业务　　D. 收入来源

86. 【多选题】下列符合指示手势规范的有（　　）。

A. 上身略微前倾15°　　B. 伸出右手，手掌向上
C. 五指并拢　　D. 手肘部弯曲90°~120°

87. 【多选题】企业物流成本按物流形成范围划分，可分为供应物流成本，还有（　　）。

A. 企业内物流成本　　B. 销售物流成本
C. 回收物流成本　　D. 废弃物物流成本

88. 【多选题】物流成本控制的方法主要有（　　）。

A. 弹性预算成本法　　B. 标准成本法
C. 零基预算成本法　　D. 目标成本法

89. 【多选题】物流项目风险定量评估采用的主要方法包括（   ）。
   A. 概率分布法   B. 外推法   C. 灵敏度分析法   D. 决策树分析法

90. 【多选题】目前甩挂运输的主要组织形式有（   ）。
   A. 一线两点甩挂运输   B. 循环甩挂作业
   C. 驮背运输   D. 两线两点甩挂运输

四、综合实务题（每小题 1 分，共 10 小题，共 10 分）

（一）SN 物流中心有两个存储区域，即平置库存储区、高架库存储区，存储区域条件如下：1. 平置库存储区地坪荷载为 2 t/m²，库高为 4.8 m，可用宽度受限为 5 m，顶距预留高度不少于 500 mm；2. 高架库存储区货位规格为 1 200 mm × 1 000 mm × 1 000 mm，单位货位承重 500 kg；托盘规格为 1 200 mm × 1 000 mm × 160 mm；单位托盘重 10 kg；作业预留高度不少于 150 mm。2022 年 7 月 30 日，SN 物流中心收到供应商入库通知单一份，具体信息如下所示：货物 1：顺心空气炸锅，尺寸 360 mm × 360 mm × 375 mm，货物单件重量为 8kg，自身限高为 5 层，入库 2660 箱；货物 2：白桃味苏打气泡水，尺寸为 203 mm × 153 mm × 280 mm。

货物单件重量为 9 kg，自身限高为 4 层，入库 480 箱；仓储部小李负责此次入库工作，根据物品属性与物品储位规划、供应商要求等实际情况，分配储位区域为：顺心空气炸锅存入平置库，白桃味气泡水存入高架库。

91. 【判断题】高架库决定计划入库物品存储位置的关键是物动量分类的结果，高物动量物品应该选择高层货位。（   ）
   A. 正确   B. 错误

92. 【单选题】空气炸锅入库平置库至少需要准备的储位面积是（   ）。
   A. 65.5 m²   B. 68.9 m²   C. 70.6 m²   D. 73.8 m²

93. 【单选题】空气炸锅入库平置库可堆层高是（   ）。
   A. 5 层   B. 6 层   C. 11 层   D. 12 层

94. 【判断题】小李通过查看入库通知单内容，判定物品属性均为普货，具体分为：家电、食品。（   ）
   A. 正确   B. 错误

95. 【单选题】白桃味苏打气泡水托盘面积最大码放数量是（   ）。
   A. 35 个   B. 36 个   C. 37 个   D. 38 个

（二）制造业是立国之本、强国之基，从根本上决定着一个国家的综合实力和国际竞争力。近年来，我国制造业增速明显回落，面临产能过剩、供需失衡、新旧动能转换缓慢等一系列突出矛盾，原有以数量、规模、速度为主要特征的增长模式，已难以适应、把握、引领经济发展新常态的要求。要改变这种状况，最根本的是要坚持质量第一、效益优先，转变发展方式，推进结构调整，推动质量变革、效率变革、动力变革，走制造业高质量发展道路。在这种大环境下，通过有效的库存控制来提高制造业的生产效率显得尤为重要，库存控制是在满足客户服务要求的前提下，通过对企业的库存水平进行控制，尽可能降低库存水平，提高物流系统的效率，以提高企业自身的市场竞争力。BS 工厂积极响应政府号召对库存进行有效控制，小李作为物流部成员将政策精神落实到日常零件采购中，A 零件单价便宜且需求稳定，工厂以每件 50 元购入，库存成本为购入价格的 10%。

年需求量是 3 000 件，小李安排订购 A 零件每趟的运输费为 800 元，装卸费为 20 元/次，均到每件的订购成本为 8 元。

96.【单选题】库存控制的两个 KPI 是（　　）。
A. 客户满意度和库存周转率　　　B. 客户满意度和资金周转率
C. 服务响应度和库存周转率　　　D. 服务响应度和资金周转率

97.【判断题】要支撑"两个一百年"奋斗目标的实现，必须加快制造业转型升级、提质增效，实现由大到强的跨越。（　　）
A. 正确　　　B. 错误

98.【单选题】该零件的经济订购批量是（　　）。
A. 95　　　　B. 96　　　　C. 98　　　　D. 100

99.【多选题】经济订货批量的假设条件有（　　）。
A. 需求量已知　　B. 无数量折扣　　C. 年订货次数已知　　D. 订货提前期不变

100.【判断题】经济订购批量就是与库存有关的成本达到最大的订货批量。（　　）
A. 正确　　　B. 错误

模块二　智慧物流系统规划仿真与方案设计模块赛题

一、任务背景

智力科技是一家集研发、制造、销售为一体的儿童人工智能产品生产企业，主营产品包括智能学习机器人、智能故事机、编程学习机等多款教育娱乐机器人产品。在数字化及服务型制造转型发展背景趋势下，公司在浙江省宁波市慈东工业区新建"智能制造 2025"示范工厂，占地面积约 8 100m^2，年产量超过 100 万件。

为了有效提升公司生产运营效率、改善产品质量，较好服务客户需求，公司现计划对原有生产车间改造升级，计划占地面积为 10 m×16 m，包含原材料存储库与装配车间，目前已初步确定未来计划投入使用的主要硬件设备种类，具体为：

原材料存储库（10m×8m）：采用货到人（GTP）作业模式与搬运机器人（AGV），主要用于原材料的存储与搬运；

装配车间（10m×8m）：采用点到点（P2P）作业模式与搬运机器人（AGV），主要用于装配车间原材料补给。

二、项目任务书

任务描述：结合公司存储/装配车间信息及生产物流等任务基础数据，完成智慧物流系统规划方案。

（一）智能生产场景规划分析

结合物料需求、产品属性、存储能力、设备配置等关键参数，完成原材料存储搬运及产成品存储搬运典型生产物流场景的规划设计。具体任务要求如下：

1. 原材料供应分析：根据原材料供应商能力评估标准，在给定供应商中，对其进行综合多维度评估，选择合适的供应商进行合作。

2. 原材料需求分析：根据企业产能和产线规划，计算各原材料所需数量。

3. 原材料存储情况分析：根据原材料存储信息，确定原材料存储所需货架与料箱数量。

4. 智能设施设备需求分析：根据生产运作效率，计算原材料存储库 AGV 数量、工作站数量（入库+出库）、充电桩数量等。

（二）智慧物流功能区域布局设计

结合背景资料中给出的物流设施设备，结合相应参数，完成生产物流系统相应功能区域、设施设备动线及站节点的布局设计。具体任务要求如下：

1. 完成物流功能区域规划设计。

2. 完成设施设备站节点在不同功能区域的点位设计，并完成路径规划。

3. 输出相应布局规划结果，以截图方式保存有路径规划的地图。

（三）智慧物流作业环节设计

根据不同生产及物流节拍，完成原材料存储及搬运、原料库至产线配送、产成品下线搬运及存储等作业环节设计。具体任务要求如下：

1. 生产物流作业环节分析：根据生产及物流数据，完成原材料存储及搬运、原料库至产线配送、产成品下线搬运等作业环节分析，以保证生产与物流全流程的有效运营。

2. 原材料运输作业设计：根据原材料供应需求，结合供应商位置等信息，进行合理的运输路径规划。

（四）智慧物流系统仿真

结合原材料存储信息表、出入库任务信息等，完成系统配置、仿真，并对仿真数据分析。具体任务要求如下：

1. 物流仿真：对上述各任务分项中的场景规划、布局设计等进行仿真验证，并输出及留存相应技术文件。

2. 数据分析：综合整体规划设计及仿真结果，对仿真运行的数据进行分析，提出优化改进方案。

（五）演示文稿制作

根据以上规划内容，制作方案汇报的演示文稿。

模块三　智慧物流系统方案实施与方案汇报答辩模块

一、任务背景

智力科技是一家集研发、制造、销售为一体的儿童人工智能产品生产企业，主营产品包括智能学习机器人、智能故事机、编程学习机等多款教育娱乐机器人产品。在数字化及服务型制造转型发展背景趋势下，公司于浙江省宁波市慈东工业区新建"智能制造 2025"示范工厂，占地面积约 8 100m^2，年产量超过 100 万件。

二、项目任务书

请根据任务基础数据，按要求完成作业策略配置和原材料入库任务，并基于生产计划进行生产补料、齐套检查和成品存储。

1. 作业策略配置

（1）电子拣选区用于存储包装材料、货到人存储区用于存储其他原材料，自动化立库区用于存储产成品，请完成智能学习机器人所对应原材料和产成品的存储策略设置。

（2）根据存储区、装配工序和搬运机器人数据，分析计算智能学习机器人各原材料补料点，并完成补料规则设置。

2. 原材料入库

根据 BOM、现有库存数据及装配工序数据，综合考虑工位配送效率优先，制定原材料的入库作业计划，并完成入库作业。入库后的库存需满足未来 1h 生产所需，入库量应为各原材料 1 个周转箱存储量的整数倍。

3. 生产补料

在系统中下达 45 个智能学习机器人产品的排产指令，并完成生产补料的组织管理。按要求完成下列任务：

（1）根据排产计划，完成班次开始前的初始补料作业，并进行物料齐套性检查。

（2）在系统中下达排产指令，系统按照节拍自动完成模拟仿真流程，并根据配置驱动生产补料和产成品下线指令的自动下达。

（3）结合补料配置和作业看板提示，及时完成 JIT 生产补料作业，避免出现停工待料。

4. 成品存储

随时跟进作业看板，根据进度完成生产下线后产成品的入库作业。

其他 8 套 2023 年全国职业院校技能大赛智慧物流（学生赛）赛项题库

2023 年全国职业院校技能大赛智慧物流（学生赛）赛项题库 10 套的附件

实训场景 3
2023 年全国职业院校技能大赛智慧物流（学生赛）赛项规程、赛卷、评分标准

2023 年全国职业院校技能大赛智慧物流
（学生赛）赛项赛项规程

2023 年全国职业院校技能大赛智慧物流（学生赛）赛项
正式赛卷——1＋X 物流职业素养测试模块赛卷

2023 年全国职业院校技能大赛智慧物流
（学生赛）赛项正式赛卷

2023 年全国职业院校技能大赛智慧物流
（学生赛）赛项正式赛卷的附件

2023 年全国职业院校技能大赛智慧物流
（学生赛）赛项评分标准

实训场景 4

2023 年全国职业院校技能大赛智慧物流（教师赛）赛项规程、赛卷、评分标准

2023 年全国职业院校技能大赛智慧物流（教师赛）赛项规程

2023 年全国职业院校技能大赛智慧物流（教师赛）赛项正式赛卷与附件

2023 年全国职业院校技能大赛智慧物流（教师赛）赛项评分标准

实训场景 5
2022 年全国智慧物流作业方案设计与实施赛项规程、赛卷、评分标准

2022 年全国智慧物流作业方案
设计与实施赛项规程

2022 年全国智慧物流作业方案
设计与实施赛项正式赛卷

2022 年全国智慧物流作业方案设计
与实施赛项正式赛卷附件

2022 年全国智慧物流作业方案
设计与实施赛项评分标准

实训场景 6
2019 年全国智慧物流作业方案设计与实施赛项赛卷

2019 年全国智慧物流作业方案
设计与实施赛项赛卷

实训场景 7
2018 年全国智慧物流作业方案设计与实施赛项赛卷

2018 年全国智慧物流作业方案设计与实施赛项赛卷

参 考 文 献

[1] 吴清一. 物流管理 [M]. 北京：中国物资出版社，2005.
[2] 吴清一. 物流实务 [M]. 北京：中国物资出版社，2005.
[3] 王之泰. 物流基础 [M]. 北京：高等教育出版社，2005.
[4] 王之泰. 现代物流学 [M]. 北京：中国物资出版社，1995.
[5] 王学锋. 物品学 [M]. 上海：同济大学出版社，2006.
[6] 崔介何. 物流学概论 [M]. 北京：北京大学出版社，2004.
[7] 何明珂. 现代配送中心：推动流通创新的趋势 [M]. 北京：中国商业出版社，2003.
[8] 牛鱼龙. 美国物流经典案例 [M]. 重庆：重庆大学出版社，2006.
[9] 白世贞，言木. 现代配送管理 [M]. 北京：中国物资出版社，2005.
[10] 李振. 物流系统规划与设计 [M]. 武汉：武汉理工大学出版社，2008.
[11] 胥洪娥. 配送中心运营与管理 [M]. 天津：天津大学出版社，2009.
[12] 杨敏. 配送中心运营管理 [M]. 北京：北京理工大学出版社，2007.
[13] 宋建阳. 企业物流管理 [M]. 北京：电子工业出版社，2005.
[14] 姜大立. 物流仓储与配送管理实训 [M]. 北京：中国劳动社会保障出版社，2006.
[15] 王婷. 物流操作实务 [M]. 北京：机械工业出版社，2004.
[16] 浦震寰. 现代仓储管理 [M]. 北京：科学出版社，2006.
[17] 朱华. 配送中心管理与运作 [M]. 北京：高等教育出版社，2003.
[18] 邬星根. 仓储与配送管理 [M]. 上海：复旦大学出版社，2005.
[19] 蒋笑梅. 物流管理实务 [M]. 北京：机械工业出版社，2004.
[20] 吴周同. 物流经理案头手册 [M]. 北京：人民邮电出版社，2008.
[21] 李克娜. 物流基础知识 [M]. 北京：机械工业出版社，2004.
[22] 田红英. 物流配送管理 [M]. 成都：四川大学出版社，2006.
[23] 李永生. 仓储与配送管理 [M]. 北京：机械工业出版社，2009.
[24] 张念. 仓储与配送管理 [M]. 大连：东北财经大学出版社，2008.
[25] 曾剑. 物流管理基础 [M]. 北京：机械工业出版社，2004.
[26] http://wgx.56edu.com/index.htm.
[27] http://www.wodefanwen.com/lhd_6a8z68x47d423gj8fm32_5.html.
[28] http://www.chinaskills-jsw.org/.
[29] http://www.worlduc.com/.

[30] http://www.hmlc.edu.cn/.

[31] https://max.book118.com/html/2019/0114/8050063112002001.shtm.

[32] http://www.glzy8.com/show/14720.html.

[33] http://www.glzy8.com/show/52633.html.

[34] http://data007.cn/Item/271962.aspx.

[35] www.MBAAsia.net.

[36] http://wenku.baidu.com/view/f6e7b4daa58da0116c1749cd.html.

[37] http://www.chinahrd.net/guanli_gj/listinfo.asp?articleid=9368.

[38] http://cfnet.org.cn/.

[39] http://www.cnpc.com.cn/hy/qydt.

[40] http://www.yuloo.com/wlks/anli/1001/362787.html.

[41] http://www.chinawuliu.com.cn/oth/content/200411/200415431.html.

[42] https://www.vcsc.org.cn/.

[43] https://www.chinaskills-jsw.org.

[44] http://jyt.jiangxi.gov.cn/col/col56952/index.html.

[45] 高飞，崔大巍. 现代物流综合技能实训 [M]. 大连：东北财经大学出版社，2023.